谁能吃到“葡萄”

WHO CAN EAT GRAPES

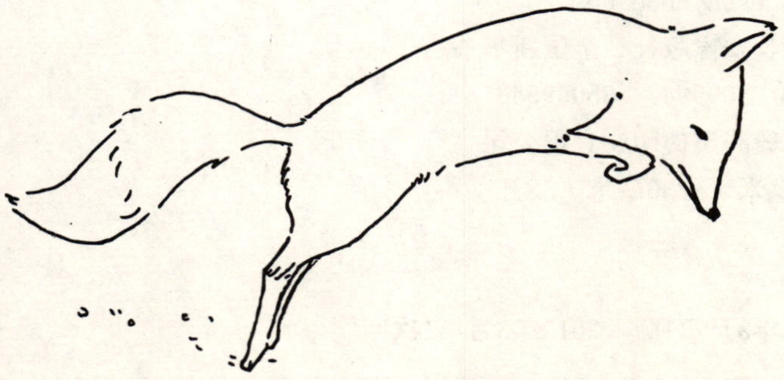

中国长安出版社

图书在版编目（CIP）数据

谁能吃到“葡萄”：从狐狸心态看人生/宋天天著.-北京：

中国长安出版社，2011.9

ISBN 978-7-5107-0471-0

Ⅰ.①谁…　Ⅱ.①宋…　Ⅲ.①成功心理-通俗读物

Ⅳ.①B848.4-49

中国版本图书馆CIP数据核字（2011）第201266号

谁能吃到“葡萄”：从狐狸心态看人生

作者： 宋天天
出版： 中国长安出版社
社址： 北京市东城区北池子大街14号 （100006）
网址： http://www.ccapress.com
邮箱： ccapress@yahoo.com.cn
发行： 中国长安出版社　全国新华书店
电话： (010)85099947　85099948
印刷： 北京毅峰迅捷印刷有限公司
开本： 880毫米×1230毫米　32开
印张： 5.5
字数： 108千字
版本： 2012年3月第1版　2012年3月第1次印刷

书号： ISBN 978-7-5107-0471-0
定价： 22.00元

摘下人生这颗葡萄

葡萄架上，一串串葡萄在阳光下晶莹剔透，分外诱人。饥饿的狐狸馋得口水直流，想要摘下来吃，但葡萄高高地挂着，狐狸摘不到。它眼馋地看了一会儿，无计可施，只好依依不舍地走了，为了平衡心态，狐狸边走边自己安慰自己说："这葡萄还没熟呢，肯定是酸的。"这就是"吃不着葡萄就说葡萄酸"的故事。古老的寓言口耳相传，千百年来流传不息。懦弱的人用它来寻求心理安慰，苛刻的人用它来宣泄求不得的痛苦，豁达的人则用它来自嘲与放松。

而现在，这本书不仅仅为您讲述狐狸和葡萄的故事，还将为您揭秘不同心态的狐狸面对同一颗葡萄时，截然不同的命运。

葡萄高挂藤上，谁能吃到美味？如果人高马大，不妨奋力跳一跳，或许跳起来就能够得着；如果不具备先天的身体优势，那么如果能弄到一架梯子就好了；或者，还可以仔细观察环境，想办法获得帮助……

人生就是这样，面前总有一颗葡萄，它鲜美欲滴，是看得见的诱惑；但它又并非唾手可得，甚至有些遥不可及。而我们，就像狐狸，对着它垂涎，心有不甘。所不同的是，有人拼尽力气跳起来去摘，有人开动脑筋想办法克服困难去弄梯子，有人当断则断放弃了"酸葡萄"，去寻找属于自己的那颗甜葡萄……

出发时我们都在同一起跑线，面对同样的问题，结束时却有人夺冠有人垫底，有人品尝胜利的甘甜，有人吞咽失败的苦涩。是什么让结局如此不同？力气？勇气？运气？是心态！

心态决定人生和命运。

只知道成功的方向不一定对，有勇无谋会让人摔得更惨，行将就木时才幡然悔悟于事何补？一切都该在还有时间改变之前进行！随波逐流会让人平庸，借船出海的智慧是殊途同归。无论是自力更生，还是借助外力，把美味吃到嘴从来都不是错，错误的只有方法和过程。聪明的狐狸知道如何把“酸葡萄”变成“甜葡萄”，豁达的狐狸也敢于望梅止渴果断放弃。我们能做哪一种？

江湖已非旧江湖，人生还需新人生。我们的生命和事业需要成功的幸福做动力，需要胜利的喜悦做燃料，但赢这个字从来都不等于损人利己。成熟、开放、稳定、睿智的心态会带来意想不到的收获。一味逃避于事无补，绕过问题也许就错过了成功的机会；一条道跑到黑更不明智，也许“博傻机制”正在等待一个叫“最大笨蛋”的人。令人垂涎的不一定好，绝望的时候说一句“这也会过去”，被忽视时先问问自己是珍珠还是沙粒。记住，人生不可能总是冰柜，更多时候我们死于自己内心的冰点。

这是一本让心灵开窍的书，成功的方法不止一条，或许你可以在这里对号入座；失败的原因有很多种，希望你能在这里对症下药！

目　录
contents

很久以前，在一位农夫的果园里，鲜美而饱满的葡萄挂满了葡萄架，有18只狐狸陆续来到这里，它们都很想吃到葡萄，但由于它们的心态不同，结果迥然不同……

1

001—008

第一只狐狸来到了葡萄架下，它发现葡萄架要远远高出它的身高。它站在下面想了想，不愿就此放弃，机会难得啊！想了一会儿，它发现了葡萄架旁边的梯子，回想农夫曾经用过它。因此，它也学着农夫的样子爬上去，顺利地摘到了葡萄。

这只狐狸采用的是有效解决问题的方式，它直接面对问题，没有逃避，最后解决了问题。

·2·

009—018

第二只狐狸来到葡萄架下，它也发现以自己的个头，恐怕这辈子都无法吃到葡萄了。因此，它安慰自己：这葡萄一看就是酸的，吃了会难受，还不如不吃。于是，它心情愉快地离开了。

这只狐狸运用的是心理学当中经常提到的“酸葡萄心理”，即以能够满足个人需要的理由来解释不能实现自我目标的现象。从某种意义上讲，有这种心理的人，能够获得快乐和幸福。

·3·

019—026

第三只狐狸来到了葡萄架下，看着高高的葡萄架，它踌躇满志，心想：怕什么？我可以向上跳，只要我努力，就一定能够得到！可惜事与愿违，它跳得越来越低，最后累死在葡萄架下，献身做了肥料。

这只狐狸的行为，在心理学上我们称为“固执”，即反复重复某种无效的行为，有时我们也称它为“强迫症”。它说明，你所认准的所谓最佳方法，不一定就能顺利解决问题。光凭努力是不够的，还要看自己的能力、当时的环境等多种因素，不要太倔强，更不要一条道走到黑。

·4·

027—034

第四只狐狸来到葡萄架下，一看到葡萄架比自己高，知道吃葡萄的愿望落空了，便怒不可遏，破口大骂，撕咬低处的葡萄藤以发泄怒气，正巧被农夫发现，一铁锹把它拍死了。

这只狐狸的行为我们称它为“攻击”型，显然这是一种不可取的应对方式，非理智的行为只能带来更严重的后果，于人于己都有害无利。

5

第五只狐狸来到葡萄架下，它一看自己在高高的葡萄架下显得如此渺小，便伤心地哭了起来。为什么我这么矮小呢？如果像大象那样高大，不是想吃什么都能如愿了吗？为什么葡萄架这么高呢？我辛辛苦苦等了一年，本以为能吃到，却没想到是这种结果！

这只狐狸的表现，我们在心理学上称之为“倒退”，即个体在遇到挫折时，从人格发展的较高阶段退到人格发展的较低阶段。

·6·

043—050

第六只狐狸来到葡萄架下，它仰望着一串串葡萄，心想：既然我吃不到，别的狐狸能比我强到哪去？肯定也吃不到！如果是这样，那我又有什么好遗憾的呢？反正大家都一样！

这只狐狸的行为，在心理学中被称之为“投射”，即把自己的愿望与动机归于他人，断言他人有此动机和愿望，这些东西往往都是超越自己能力范围的。这种心理也可以理解为随波逐流，盲目跟风，或保持平常心。

·7·

051—058

第七只狐狸来到葡萄架下，它站在高高的藤架下面，心情极度低落。它想：为什么我吃不到呢？我的运气怎么这么差啊？我的命运怎么这么悲惨啊？想吃个葡萄的愿望都满足不了！它越想越郁闷，最后郁郁而终。

这只狐狸的情况是典型的抑郁症表现，从不去想怎么去努力，怎么才能成功，对自己没有一点自信。即以持久的心境低落状态为特征的神经性障碍。

·8·

059—066

第八只狐狸来到葡萄架下，它尝试着跳起来去够葡萄没有成功，它试图让自己不再去想葡萄，可是又抵抗不了诱惑，它还试了一些其他的办法也不见效。当它又听说有的狐狸已经吃到葡萄后，心情更加抑郁了，最后竟一头撞死在葡萄架下。

这只狐狸的下场，是由于它心理不平衡造成的。在现实生活中，我们经常会遇到类似的“不患无，患不均”的现象。很多人在与别人比较的时候，因为心理不平衡而选择了不适当的应对方式。

·9·

第九只狐狸来到葡萄架下，同样吃不到葡萄。但它想：听别的狐狸说，柠檬的味道似乎和葡萄差不多，既然我已经吃不到葡萄了，何不尝一尝柠檬的美味呢？总不能在一棵树上吊死吧！因此，它心满意足地去寻找柠檬了。

这只狐狸的行为，在心理学上我们称之为“替代”，即以一种自己可以达到的方式来代替自己不能满足的愿望，也可理解为变通，换个角度看问题。

·10·

075—082

第十只狐狸来到了葡萄架下，它看到了自己的能力与高高的葡萄架之间的差距，认识到以现在的水平和能力想吃到葡萄是不可能的了，因此它决定给自己充一下电，学习采摘葡萄的技术，最后如愿以偿地吃到了葡萄。

这只狐狸采用的是问题指向应对策略，它能够正确分析自己的现状和问题的性质，找到最适合自己的解决方案。这是一种较好的应对方式。这只狐狸的最大的成功之处，就是拥有好学的心态。

·11·

083—090

第十一只狐狸来到了葡萄架下，它同样也面临着相同的问题。它转了一下眼睛，把几个同伴骗了过来，然后趁它们不注意，用铁锹将它们拍昏，将同伴摞起来，踩着同伴的身体，最终吃到了葡萄。

这只狐狸虽然最后也解决了问题，但它是在损害他人利益的基础上来解决问题的，这种应对方式是一种罪恶，是不可取的。

·12·

091—098

第十二只狐狸来到了葡萄架下，这是一只风韵犹存的女狐狸。它想：我一个弱女子无论如何也够不到葡萄了，我何不利用一下别人的力量呢？因此，它找了一个年龄稍大些的男朋友，这位狐狸先生借助梯子给了女狐狸最好的礼物。

这只女狐狸的行为，在心理学上被称为“补偿原则”，即利用自己另一方面的优势或是别人的优势来弥补自己的不足，这种方式在一些情境下也不失为一种好方法。

·13·

099—108

第十三只狐狸来到葡萄架下，它对葡萄架的高度非常不满，因为这导致了它不能尝到甜美的葡萄，于是它就怪罪起葡萄藤来：你也太好高骛远了吧？爬那么高干吗？而且葡萄的内心其实并没有表面看上去那么漂亮美味吧？！发泄完后，它平静地离开了。

这只狐狸的行为在心理学上，我们可以称之为“抵消作用”，即以从事某种象征性的活动来抵消、抵制一个人的真实感情。

· 14 ·

第十四只狐狸来到了葡萄架下，发现自己无法吃到自己向往已久的葡萄时，它很轻蔑地看到地上落下来已经腐烂的葡萄和其他狐狸吃剩下的葡萄皮，作呕吐状，嘴上说：“真让人恶心，谁能吃这些东西啊！”

这只狐狸的行为在心理学上我们称之为“反向作用”，即行为与动机完全相反的一种心理防御机制。

·15·

第十五只狐狸来到了葡萄架下，它既没有破口大骂，也没有坚持不懈地往上跳，而是发出了感叹：美好的事物有时候总是离我们那么远，这样有一段距离，让自己留有一点幻想又有什么不好的呢？于是它诗性大发，一本诗集从此诞生了。

这只狐狸的行为，在心理学上我们称之为“置换作用”，即用一种精神宣泄去代替另一种精神宣泄。也可以理解为，突发奇想，善用资源。

·16·

125—132

第十六只狐狸来到了葡萄架下，它发现想吃葡萄的愿望不能实现后，心里一直很痛苦，不久便产生了胃痛、消化不良的情况。这只狐狸一直不明白：一向很注意饮食的它，怎么会在消化系统出现问题？

这只狐狸发生的情况，在心理学中我们可以称之为“转化”，即个体心理上的痛苦会转换成躯体上的疾病。

·17·

第十七只狐狸来到了葡萄架下，它同样发现葡萄高高在上。它嘴一撇，说：“这有什么了不起的！我们狐狸中已经有人吃过了，谁说只有猴子才能吃到果子？狐狸也一样行！”

这只狐狸所表现的言行，是一种情绪取向的应对方式，在心理学中我们可以称之为“傍同作用”，即当自我价值低于他人价值时，寻找与自己有关系的人来实现自我价值。

·18·

139—147

第十八老只狐狸来到了葡萄架下，它心想，我自己吃不到葡萄，别的狐狸来了也吃不到葡萄，为什么我们不学习猴子捞月的合作精神呢？前有猴子捞月，现有狐狸摘葡萄，说不定也会传为千古佳话呢！于是它动员所有想吃葡萄的狐狸合作，搭成狐狸梯，这样大家都吃到了甜甜的葡萄。

这只狐狸采取的是问题取向的应对方式，它懂得合作的道理，大家团结协作，互相帮助，最终的结果是既利于自己，又利于大家。

·1·

第一只狐狸来到了葡萄架下，它发现葡萄架要远远高出它的身高。它站在下面想了想，不愿就此放弃，机会难得啊！想了一会儿，它发现了葡萄架旁边的梯子，回想农夫曾经用过它。因此，它也学着农夫的样子爬上去，顺利地摘到了葡萄。

这只狐狸采用的是有效解决问题的方式，它直接面对问题，没有逃避，积极应对，最后解决了问题。

第一只狐狸在摘葡萄的问题上，它没有退缩，而是保持了积极的心态，并积极行动起来，最终摘到了葡萄。

人与人之间只有很小的差异，但这种差异却往往造成了人生结果的巨大差异。这个很小的差异就是心态是积极还是消极的，巨大的差异就是结果的成功与失败。

美国成功学院对 1000 名世界知名成功人士的研究结果表明：积极的心态决定了成功的 85%。一个人有什么样的心态，就有什么样的思维和行为，就有什么样的环境和世界，就有什么样的未来和人生。

那么，什么是心态呢？心态，就是一个人内心的想法和外在的表现。心态只有两种，积极的和消极的。积极的心态，是心灵的健康营养，它能吸引财富、成功、快乐和健康。消极的心态，却是心灵的疾病和垃圾，它不但排斥财富、成功、快乐和健康，甚至会夺走生活中已有的一切。

任何事物都有积极的一面和消极的一面。这就看你是心态积极的还是消极的，如果你是积极的，你看到的就是乐观、进步、向上的一面，你的人生，工作，人际关系及周围的一切都是成功向上的；如果你是消极的，你看到的就是悲观、失望和灰暗的一面，你的人生自然也就乐观不起来。

消极是失败、疾病与痛苦的根源；积极是成功、健康和快乐的保证。你所得到的一切，都是你的心态决定的。

如果翻阅成功人士的成功史，我们不难发现，他们之所以能够成功，是因为他们都能保持积极的心态，并能积极行动起来的缘故。积极的心态加上积极的行动，是取得成功的秘诀。

美国联合保险公司董事长克里蒙·斯通，是美国巨富之一、世界保险业巨子。他有句名言：“对于强者来说，困难愈多成就愈大。”

斯通生于1902年，父亲早逝，母亲把他抚养长大。斯通的母亲早在斯通十几岁的时候，就把辛辛苦苦积攒下的一点钱，投到底特律市的一家小保险经纪社。这家保险经纪社替底特律市的美国伤损保险公司推销意外保险和健康保险。推销员仅一人，那就是斯通的母亲。每推出一笔保险，她就会收到一笔佣金——这是她唯一的收入。

斯通16岁时，念中学。那个夏天，母亲指导他去推销保险。他走到母亲指导给他的大楼前，犹豫不决。这时，他默默地念着自己信奉的座右铭：“如果你做了，没有损失，还可能有大收获，那就下手去做，马上就做！”

于是，他勇敢地走入大楼，逐门进行推销。结果，只有两个人买了保险；但在了解自己和推销术方面，他收获不小。第二天，他卖出了4份保险；第三天，6份。假期时，他居然创造了一天10份的好成绩，后来一天10份、20份。

那时他发觉，他的成功，是因为自己有积极的心态并能积极行动起来的缘故。

20岁时，他在芝加哥开了一家保险经纪社——“联合登记保险公司”，全公司只有他一个人。开业头一天销出54份保险。后来，事业一天比一天兴旺。有一天，居然创造了122份的纪录。

后来，他在各州招人，在各处扩展他的事业；各州有一名推销总管，领导推销员，他自己管理各地总管，那时，斯通还不到 30 岁。

但那时候，整个美国笼罩在经济大恐慌之中，大家都没有钱买健康和意外保险，真有钱的又宁愿把钱存下来以防万一。这时，斯通给自己加了几条应付困难的座右铭："销售是否成功，决定于推销员，而不是顾客。如果你以坚定的、乐观的心态面对艰难，你反而能从中有所收获。"结果，他每天成交的份数，竟与以前鼎盛时期的相同。

1938 年底，斯通成了一名百万富翁，而他所领导的保险公司，也成为了美国保险业首屈一指的大企业。

我们注意到，第一只狐狸之所以能摘到葡萄和那架梯子有关，如果没有那架梯子的话，它是摘不到葡萄的。也就是说，它善于借用资源来达到自己的目的。

在这个世界上，没有什么东西是没用的，只要能够做到合理安排，就能把所有的东西充分利用。办事情要达到高效率，就要时时处处统筹兼顾，充分地利用一切资源。许多宝贵的、对我们的事业起巨大作用的资源，都来源于我们的身边，来源于平凡的生活。只要你时刻保持敏锐的触觉，善于捕捉资源信息并利用这些资源，将会从中受益无穷。

日本有位青年叫浅野，他 23 岁的时候还穷困潦倒，经常身无分文，没有工作，有时甚至吃不上饭，处于半饥饿状态。就是这样一个没有创业基础的人，后来却成了日本水泥大王，创办了浅野水泥公司。

他成功的秘诀是什么呢？浅野如此总结他的成功："在这个世界上，没有一件无用的东西，任何东西都是可以加以利用的。我正是学会了这一点，才取得了今天的成绩。"

纵观浅野的创业生涯，他所走过的每一个成功的脚步，都和他懂得利用周围的事物无法分开的。

那时，挨饿整整两天的浅野晃晃悠悠地走在路上，眼前直冒金星，他迫切地需要找到一点充饥的东西。突然，他发现了一处泉水。饥饿的浅野顾不上想许多，就赶快跑上前去，捧起水来饱饮了一顿。哇，泉水原来这么清凉可口！他美美地坐在泉水边，觉得自己仿佛在高级饭店中进了一餐。

“泉水这么好喝，我不如干脆卖水算了，如果做别的生意还需要本钱。”浅野真的在路边摆起了一个卖水的小摊子，他用捡来的木头、车轮子做了一个小推车，又捡了几个人家不要的水桶装水。从此，浅野不用再忍饥挨饿，他已经能够养活自己了。

卖了两年水以后，浅野有了一点点积蓄，他开了一家小小的煤炭零售店，做起了小本生意。这期间，他仍然很会利用身边的信息和事物，经常变无价值的东西为有价值的东西。他的许多煤炭都是自己制作出来的，因此，他经营的煤炭比别人的成本低许多。

后来，市长听说浅野是一个非常善于利用周围资源的人，任何东西到了他的手中，他总能换个角度去看待，把废物变成宝贝，就召见他。

市长和他开玩笑说：“你以善于利用废物而出名，但是，人的排泄物，我想，你是没有办法利用了吧？”

浅野略加思索说：“只搜集一两家粪便不会赚钱，但是搜集数千人的粪便就会赚大钱！”

“怎样搜集呢？”市长不解地问。

“修建公共厕所！”

谈话之后，浅野在他所在的城市设置了 63 个日本最初的公共厕所，因而成为日本公共厕所的始祖。厕所建好之后，他把搜集粪便的权利以一年 4000 元的价格卖给了别人，两年后他成立了一家日本最初的肥料公司，开始生产肥料。浅野后来成立的浅野水泥公司的资金，正是来源于搜集公共厕所的粪便。

如果遇到什么解决不了的事情时，不要太早放弃，只要用心去想就一定会有答案。想想自己手中都有哪些可利用的资源？想清楚了，很多问题都能得到解决。

一家公司招聘营销经理，最后 A 君、B 君、C 君进入了由公司老总亲自主持的最后一轮考核。没想到，老总开车把三位年轻人拉到一座果园里，指着三棵高大的苹果树说，你们每人一棵树，看谁摘的苹果最多，谁就能成为本公司营销部经理。

老总刚说完，三个人立即扑向果树。A 君身高臂长，站在树下，上下左右开弓，不一会就摘了很多苹果。B 君身材灵巧，就像猴子一样爬上树，闪转腾挪，眨眼间，也摘了不少苹果。只有 C 君生得又矮又胖，尽管他很着急，但摘的苹果显然落后于其他二人。

“要是有架梯子就好了，可哪里有梯子呢？”C 君大脑急速地转动。“果园门卫大爷那儿会不会有？”想到这儿，他立即跑到门卫室，诚恳地向门卫大爷说明情况。刚才老总领着他们进来时，只有 C 君热情地和大爷打过招呼，大爷显然对他印象很好。他领着 C 君来到门卫室后面，果然有一架装修用的铝合金梯子摆在那里。C 君谢过大爷，搬着梯子跑回果园。有了梯子，C 君变得游刃有余，摘起果子来随心所欲。

这时，A 君、B 君遇到了难题。A 君虽生得高大，却怎么也够不到高处的累累硕果。B 君虽身手敏捷，却不敢爬到细枝上去摘。这时他俩也想到用梯子，可他俩跑出去找了一圈，也没找到梯子的影子。

等他们气喘吁吁地跑回来，老总对他们说，不用再比了，我宣布：C 君被聘为营销部经理。虽然 C 君高大比不过 A 君，灵巧比不过 B 君，但他面对困难时，却能迅速找到解决办法，打开局面，这是一个营销部经理最可贵的素质。A 君、B 君输得心服口服。

一个人的力量总是有限的，良好的人际关系对一个人的成长壮大起着不可估量的作用。所以，当我们使出浑身解数仍无法解决问题时，别忘了好好利用自身以外的资源，它往往能带给我们意想不到的结果。

第一只狐狸带给我们的启示是：遇到问题时，要保持积极的心态，并积极行动起来；同时，要学会善用资源。这样，才能顺利地解决问题。

·2·

第二只狐狸来到葡萄架下，它也发现以自己的个头，恐怕这辈子都无法吃到葡萄了。因此，它安慰自己：这葡萄一看就是酸的，吃了会难受，还不如不吃。于是，它心情愉快地离开了。

这只狐狸运用的是心理学当中经常提到的“酸葡萄心理”，即以能够满足个人需要的理由来解释不能实现自我目标的现象。从某种意义上讲，有这种心理的人，能够获得快乐和幸福。

我们可以看出，第二只狐狸有点傻得可爱，它采用了“吃不到葡萄说葡萄酸”的态度，也就是“酸葡萄心理”。酸葡萄心理是因为自己真正的需求无法得到满足产生挫折感时，为了解除内心不安，编造一些“理由”自我安慰，以消除紧张，减轻压力，使自己从不满、不安等消极心理状态中解脱出来，保护自己免受伤害。

不可否认，酸葡萄心理确实有着实际的意义和作用，尤其是当人们认为自己对所面临的状况已经是无能为力的时候，不妨采用这种应对方式，以免走向极端。任何一种事物都会有正反两种意义，只要起到暂缓心理压力作用，使心理得以平衡，就有其实际意义。当然，我们不能总是停留在此，事后应采取积极措施，解决问题。

第二只狐狸在无法摘到葡萄的情况下，它没有悲观，而是选择了乐观。

从前，有一个悲观的人，看到他旁边的那个人总是脸上挂着微笑，就很不理解，难道他就没有烦恼吗？为什么我的痛苦那么多？于是就将许多问题向其请教。

悲观者就问乐观者：“假如你一个朋友也没有，你还会高兴吗？”

乐观者回答：“当然，我会高兴地想，幸亏我没有的是朋友，而不是我自己。”

噢，悲观者又问："那么，假如你正在走路，突然掉进了一个泥坑里，挣扎出来后你成为了一个脏兮兮的泥人，你还会快乐吗？"

"当然，我会高兴地想，幸亏掉进的是一个泥坑，而不是一个无底洞。"乐观者回答道。

悲观者有一些明白了，于是再问："假如你被人莫名其妙地打了一顿，你也会高兴吗？"

乐观者说："当然，我会高兴地想，幸亏我只是被打了一顿，而没有被他们杀害。"

于是悲观者又问了乐观者最后一个问题："当你马上就要失去生命了，你还会高兴吗？"

乐观者还是乐观地回答道："当然，我会高兴地想，我终于高高兴兴地走完了人生之路，请让我随着死神，高高兴兴地去参加另一个宴会吧！"

悲观者之所以悲观，是因为他们的心态消极，所以看待事物就悲观。而乐观者即使遇到再大的麻烦也还是保持着积极的心态，因为他们把这些作为了上天给予自己的礼物，不管怎样都会快乐地去面对它。

这只狐狸没有摘到葡萄，按理说应该是一件很伤感的事情，但它却用"酸"做为理由，最后还心情愉快。也就是说，它的心态是积极的。当你面临一件事情的时候，如果你用积极的心态来看待它，它很可能就会是一件好事，一件对你有利的事情；如果你用消极的心态来看待它，它就会变成一件坏事，一件对你有威胁的事情。所以，事情是好还是坏，在于你是用什么心态来看待它。

约翰被大水困住，只得爬上屋顶。

邻居中有人漂浮过来说道："约翰，这次大水真可怕，难道不是吗？”

约翰回答说："不，它并不怎么坏。"

邻居有点吃惊，就反驳道："你怎么说不怎么坏？你的鸡舍已经被冲走了。"

约翰回答说："是的，我知道，但是我六个月以前养的鸭子现在都在附近游泳。"

"但是，约翰，这次的水损害了你的农作物。"这位邻居坚持说。

约翰仍然不屈服地说："不！我的农作物因为缺水而损坏了，就在上周，代理人还告诉我，我的土地需要更多的水，所以这下就全解决了。"

这位悲观的邻居又再次对他那位欢笑的朋友说："但是你看，约翰，大水还在上涨，就要涨到你的窗户上了。"

这位乐观的朋友笑得更开朗，说道："我希望如此，这些窗户实在太脏了，需要冲洗一下。"

酸葡萄心理可以帮助我们摆脱紧张情绪，获得心理上的平衡与稳定，让我们不至于为了那些得不到的东西，而心情沮丧或妒忌得发狂。

这只狐狸虽然没有摘到葡萄，但它没有抱怨，而是坦然地接受了这个事实。事情既然已经发生了，尤其是很糟糕的事情，与其抱怨，倒不如坦然地接受，因为抱怨也已与事无补。无论在何时，用积极的心态去拥抱生活，才会少些争执，才会生活得快乐。

从前，有一对很贫困的老夫妇，他们想把家中唯一值点钱的一匹马拉到市场上去换点有用的东西。

于是，老头便牵着马去赶集了。他先用马与人换得一头母牛，又用母牛去换了一只羊，再用羊换来一只肥鹅，又把鹅换了母鸡，最后用母鸡换了别人的一口袋烂苹果。

在每次交换中，他都想给老伴一个惊喜。

当他扛着大袋子来到一家小酒店歇息时，遇上两个富人。

在闲聊中，他谈了自己赶集的经过，两个富人听后哈哈大笑，说他回去准得挨老婆子一顿骂或一顿揍。老头子坚称绝对不会，两个富人就用一袋金币打赌。于是，三个人一起回到老头子家中。

老太婆见老头子回来了，非常高兴，她兴奋地听着老头子讲赶集的经过。每当老头子讲到用一种东西换了另一种东西时，她都充满了对老头的钦佩。

老太婆嘴里不时地说着：

“哦，我们有牛奶了！”

“哦，羊奶也同样好喝！”

“哦，鹅毛多漂亮！”

“哦，我们有鸡蛋吃了！”

最后听到老头子背回一袋已经开始腐烂的苹果时，老太婆同样不愠不恼，大声说：“我们今晚就可以吃到苹果馅饼了。”

结果，两个富人输掉了一袋金币。

私下里，有一个富人问老太婆：“你为什么不责怪他？”

老太婆答道：“事情已经这样了，责备也于事无补，倒不如坦然地接受。”

其实，如果我们能够换个角度看问题，就会发现这只狐狸实际上是个很聪明的家伙：既然已经确认“吃不上葡萄”是个无法改变的事实，不妨就明智地放弃葡萄，甩掉失落与懊恼的心理包袱，轻松快乐地重新上路。如果说快乐也有商数的话，酸葡萄心理何尝不是一种高水平的快乐商数。

有一位老人，每天总是高高兴兴，脸上永远都保持着微笑。有人问老人是如何保持这种快乐心情的，是不是有什么神奇而特别的秘诀？老人说："如果说有秘诀的话只有一个，每天早晨，我睁开眼便给自己两个选择：一个选择是快乐地过这一天，另一个选择是不快乐地过这一天。我当然选择前者了，所以我每天都过得很开心。"

杰克和妻子莫茜开着他们的新车，去德州和父母一起过圣诞节。一家人过得很愉快，所以两个人在很晚才开车往回走。他们在深夜抵达家门时，两人都已经累极了，于是只把车放在门口就下楼洗澡睡觉了。

就在那个晚上，倒霉的事发生了，有一个偷车贼在半夜把他们的车悄悄地开走了。早上，他们起床梳洗后决定把放在车里的东西卸下来。可是当他们打开前门时，却发现停车道上并没有车子！莫茜和杰克面面相觑，目瞪口呆。两人四处找，并没有找到。

怅然所失的杰克只好拿起电话报了警。警察先生保证他们有98%的概率在24个小时内找回他们的车。接下来的几小时，两个人一直打电话询问失车的情况。

"我们还没找到，莫茜女士，但现在仍有94%的机会找到。"

又过了几个小时，杰克又打电话问。

他们再次回复："我们还没找到，不过8小时内还是有90%的寻获率。"

一天的杳无音信使莫茜渐渐变得烦躁，开始埋怨杰克昨天的大意，但杰克却没事儿似的，还不断地说笑话。

充满焦虑与挫折感的莫茜问杰克："我们的新车和里面的东西都丢掉了，你怎么还有心情开玩笑？"

杰克看着她，说："亲爱的，我们的车被偷了这已经是事实了。我们可以因丢了车而选择烦恼，也可以选择快乐。那我们为什么不选择让自己快乐而非要雪上加霜让不快的事情更加不快呢？"

莫茜听了觉得也有道理，就开始着手做别的事，把这件事抛在了脑后。

5天后，他们的车终于被找回来了，不过车上的东西无影无踪，车子的损坏也超过3000美元。但毕竟是找到了自己的车，杰克感到十分高兴。晚上在开车回家的路上，不幸的事情又发生了：他撞上了另一部车，不但自己的车撞坏了，还造成了另一笔3000美元的损失。

杰克顿时沮丧极了，他站在车道上看着车，一边抽烟一边生闷气，责怪自己乐极生悲撞了别人的车。莫茜走向杰克，看了车，又看着丈夫，说："亲爱的，我们现在有一部撞坏了的车，现在我们可以选择烦恼，也可以选择快乐。总之，我们有一部撞坏了的车。所以，我们不如选择快乐吧。"

杰克从心眼里笑出声来宣布自己举双手赞成，就这样面对着一个糟糕透顶的局面，他们一起享受了一个美妙的夜晚。

在我们遇到不愉快的事情时，不妨往好处想，不要因那些纷纷扰扰而自乱阵脚，坏了自己的心情，也不要心生烦躁、忧虑、焦灼，要保持内心的宁静，更不要为那些无法改变的琐事而烦恼。快不快乐是可以选择的，选择快乐，我们就会很快乐。

每个人都有自己的想法，怎么想是由自己决定的。同样，每个人都有自己的快乐，想不想快乐也是由自己决定的。自己的想法由自己来安排，自己的快乐也由自己来安排，这样才能拥有快乐的生活。

第二只狐狸带给我们的启示是：生活中，我们总会遭遇那些无法吃到的“葡萄”，比如，机会一去不回，糖果封死在罐子里，晋升遥不可及……那么，不妨学学聪明的狐狸，离开“酸葡萄”，保有好心情，才能去寻找属于自己的那颗甜葡萄！

·3·

第三只狐狸来到了葡萄架下，看着高高的葡萄架，它踌躇满志，心想：怕什么？我可以向上跳，只要我努力，就一定能够得到！可惜事与愿违，它跳得越来越低，最后累死在葡萄架下，献身做了肥料。

这只狐狸的行为，在心理学上我们称为“固执”，即反复重复某种无效的行为，有时我们也称它为“强迫症”。它说明，你所认准的所谓最佳方法，不一定就能顺利解决问题。光凭努力是不够的，还要看自己的能力、当时的环境等多种因素，不要太倔强，更不要一条道走到黑。

钢铁是
怎样
炼成的

第三只狐狸太倔强了，倔强得让人感觉到很可笑。太倔强是一种执迷不悟，最终会为其所害。在生活中，有的人很倔强，他们固执已见，甚至把别人的好言相劝看做是多此一举，依然按照自己的偏见一意孤行。最后，吃了苦头，才发现自己是错误的，可往往事情已没有了挽回的余地。一个人太倔强，不懂得变通的话，一定会栽大跟头的。

从前，有一个叫做倔强的人，性格很刚强，常常自以为是，爱跟别人唱反调。倔强在龟山的北面种粮食，总想独辟蹊径，于是在高处种水稻，在又低又潮湿的地方种高粱。

他有个朋友，见他这样做不会有什么好处，就好言劝说他道："高粱适合种在旱的地方，水稻宜种在低湿的地方，可是你现在正好相反，违反了水稻和高粱生长的习性，那怎么能获得丰收呢？"倔强听了朋友的话，心想：只要我足够勤劳，就一定能够丰收。结果他辛辛苦苦地种了 20 年地，每年都歉收，粮仓里一点储备也没有。眼看就快没饭吃了，他不由得懊悔万分，就向朋友道歉说："您说得对啊，我知道改悔了，不再不听劝告了？"

后来，倔强到汶上这个地方去做买卖。他做生意完全不加考虑，看到别人抢购什么货物，他也一定进什么货，处处都硬要和人家竞争。这样一来，他的货一到手，积压得厉害，使他手上的货总是卖不出去，价钱被压得极低。倔强的朋友担心他吃亏，就又教他说："善于做买卖的人要进别人暂时不争不抢的货物，这样，一旦等到机会来了，就可以获得好几倍的利润，这正是古代大商人白圭致富的原因啊！"倔强不听，想道："只要我起早贪黑，哪里能赚不到钱呢？"然而过了20年，倔强常常亏本，终于入不敷出，到了非常困窘的境地。这时，倔强才又回想起了朋友的话，意识到自己错了，又去找到他的朋友道歉："我现在知道自己错了，从今以后，我要改正自己的做法。"

有一天，倔强要驾船出海，邀请了他的朋友一起去海边。他的朋友将他送上船，告诫他说："如果遇到了大风浪，一定要靠岸，不然船被卷进去就再也出不来了。"倔强表示自己会听朋友的话，于是驾着船向东驶去，过了一段时间，遇到了大风浪，他又犯了那顽固的老毛病，还是继续前进，结果被卷入了一个海峡。倔强在黑暗的海峡里孤独地颠簸着，寻找着出路。一直过了20年，才在又一场大风暴中被冲了出来。

千辛万苦回到家里，倔强已经80岁了。他须发皆白，身体孱弱得就像寒风中的一截枯枝，倔强找到他的朋友，深深地作了个揖，对天发誓说："我如果再不改变自己的做法，就让上天来惩罚我。"

他的朋友也老了，听完以后无奈地对他说："你变是变了，可是还有什么用呢！"

在生活中，很多人过于固执于自己想要的东西，总是义无反顾地向前冲，结果往往是一无所获。不要看看不到的，要看看得到的，否则只会"撞南墙"。

有一只山羊，它想山顶上一定有好多青草，于是它决定要到山顶去吃草。

它开始往山上爬，爬呀爬呀，没一会儿，它就累了，山羊对自己说："我不怕累，山有多高我爬多高！我一定要爬上去吃青草！"

羊又继续爬呀爬呀，它很累了，羊又对自己说："我不怕累，山有多高我爬多高！我一定要爬上去吃青草！"

羊接着爬呀爬呀，它非常非常累了，山羊还是那样对自己说："我不怕累，山有多高我爬多高，我一定要爬上去吃青草。"

它一心只想着山顶的鲜草，却忽略了在爬山的途中，也有一片片鲜草在路边，而它却视而不见。

最后，山羊终其一生，才爬上了这座山，它以为它胜利了，可是当山羊千辛万苦终于爬到了山顶时，看到的归宿竟然是这样的：山顶光秃秃地都是石头，连一棵草也没有。

固执很可怕。第三只狐狸因为固执，不但没有摘到葡萄，还落了个累死身亡的悲惨结局。做人做事不要太直性，不要抱着一条路走到黑的态度，应该学会灵活变通。做人做事学会灵活变通，才不会错过一些美好的东西。如果一味地不知变通，就会陷入迂腐的境地。

很久以前，有两户人家，都有一个儿子，这两个孩子是非常要好的朋友。这两个好朋友一天一天地慢慢长大了。有一天他们就打算离家外出，找些事做，积点钱财，这样好能养家糊口。

于是他们就出发了。不久之后，他们在半路上发现一片繁茂而无主的麻林，商量了一阵，他们就开始割麻，准备背回家去，卖点钱用。

两人各背了一大捆麻继续赶路，途中又看见一大堆无主的贝壳和丝织品等，其中一人放弃了背上的麻，而改拿贝壳和丝织品。

他们继续走路，结果又看见一堆无主的银子。那个背贝壳和丝织品的人，改背起银子赶路，而另一个汉子却依然背着原先的麻。

一会儿，他们又看见路旁有一大堆无主的金子。背银子的那个汉子对背麻的同伴说：“老兄！你看路旁有一大堆金子，而且没有主人，你何不放弃价值不高的麻，咱俩一块儿把这些价值昂贵的金子背回去，不是更好吗？这样我们回到家里就变成富翁了。”

背麻的汉子听了无动于衷，固执地说：“我辛辛苦苦背着麻走了这么长的路，可不想轻易放弃它。如果你想要的话，你自己把那一大堆金子拿走，我不会在乎的。”

背银子的汉子觉得这个同伴实在愚蠢，伸手想要夺下对方背上的麻。对方却把麻看成宝贝似的，紧紧地拴在身上，一时竟取不下来。

背麻的汉子固执地说：“我拴得紧，你取不下来的。我不想要金子，你要的话，自己拿回去吧。”

背银子的汉子觉得对方不可理喻，就把自己背着的银子放弃，捡起地上的金块回家了。

背银子的汉子的父母看见儿子背着金块回家，夸赞道：“你真聪明，得了这么多金子回家。以后，我们可有富享了，全家都有好日子过了。”

那个背麻的汉子不声不响地回到家里，父母见他背着一堆不值钱的麻回来，问明情况后，十分生气，责怪道：“你这个笨蛋！背着沉重的生麻回来，能用它做什么呢？即使卖钱，能换回几个钱呢？你以为它能当饭吃吗？你以为它能养活父母妻儿吗？你真是太迂腐了！”

如果说人生是一场游戏的话，那么就要有规则。人生中的游戏规则都是人为制定的，其目的都是为了扶助我们更好地工作和生活，符合常理我们就接受并实施，如若不然，我们也不必削足适履。有时当我们不能改变不利于自己的结果时，不妨借助改变游戏规则的方法来摆脱困境。

一个美丽的女孩子，郑重地立下了一个誓言：这辈子绝不与自己不爱的男人接吻。否则，就把自己的嘴唇割掉。

有一个男孩子爱上了她，但是她却弄不清自己是不是爱他。有一天，小伙子趁她不备，大胆地吻了她的嘴唇。这件事使她惶惑又痛苦，因为她现在面临着要不要遵守誓言割掉嘴唇的严重选择。

于是，她决定去请教一位学界的老者。听了她的问题，老人凝目作沉思状，片刻之后，老者告知她：不必惊慌！一切都取决于她对“爱”这个词的正确认识和定义。

“那么，爱的定义应当是什么呢？”她迷惑地问。

老者略作沉吟，答：“在他嘴唇接触你的瞬间，你感到快活么？”

她犹豫了一下，但不能不承认：“是的，我似乎是快活的，不过……”

“别急，别急，”老者说，“那么我们就可以这样来给爱下一个定义：凡与之发生吻的动作时，能使我感到快活者，就是令我有爱产生的人，因而我不必为此举动割掉嘴唇。”

“但是，也许我并不是真的感觉快活，而只不过是没有十分感到厌恶罢了。”小姑娘说。

“啊，那不要紧。我们就可下一个新定义：凡与我接吻至少不曾使我感到厌恶的人，就是我对他有某种爱的人。”

“但是，假如我在接吻后又有点后悔呢？”小姑娘有些犹豫地又问。

“后悔？后悔难道比嘴唇还重要么？”充满智慧的老者反问道。

“啊，我觉悟了！真该谢谢您，您把我的嘴唇保住了。”小姑娘满意地走了。

不久，又有一个小伙子追求她，但是，她却非常讨厌他。然而不幸的事发生了，有一天，小伙子强行吻了她一次。她很愤怒，狠狠地抽了那坏小子一个嘴巴。但是抽完就没事了，她一点不用为自己的嘴唇担忧。因为她已经从老者那里学到了足够的智慧。

第三只狐狸带给我们的启示是：固执与倔强有时是迂腐的代名词。太过固执和倔强的人生是失败的，它会伤害到自己。一条道走到黑并不是勇气的证明，换条路走走，人生之路才会更平坦。

·4·

第四只狐狸来到葡萄架下，一看到葡萄架比自己高，知道吃葡萄的愿望落空了，便怒不可遏，破口大骂，撕咬低处的葡萄藤以发泄怒气，正巧被农夫发现，一铁锹把它拍死了。

这只狐狸的行为我们称它为“攻击”型，显然这是一种不可取的应对方式，非理智的行为只能带来更严重的后果，于人于己都有害无利。

这只狐狸觉得自己无法摘到葡萄时，气急败坏地撕咬葡萄藤，是一种破坏行为，是一种损人不利己的恶行。俗话说的“恶有恶报”，是有一定道理的——被农夫发现后，农夫用铁锹拍死了它。

俗话之所以说“害人之心不可有”，就是因为“害人终害己”。害人的结果不只是自己给自己找冤家，找麻烦，更多的时候，还是搬起石头砸自己的脚——在伤害别人的同时，其实就是在伤害自己。

一只鹧鸪鸟被捕鸟人捉住了，捕鸟人准备把它炖了，美食一顿，鹧鸪不住地哀求捕鸟人:“捕鸟先生，请你饶了我吧，您看我是只多么幼小的生命，您怎么忍心把我吃掉呢？”捕鸟人看它说的怪可怜的，也不禁心软起来，可是放了它自己又要饿肚子，怎么办呢？正当捕鸟人犹豫不决的时候，鹧鸪讨好捕鸟人说：“先生，只要您放了我，我可以回去引诱更多的鹧鸪让您捕住，以报答您对我的不杀之恩。”

没有想到，这番话反倒激恼了捕鸟人的愤怒：“本来我是想把你放了，可是现在我改变了主意，因你不是一只好鸟！为了自己的命，竟然不惜陷害自己的同类，这样的败类留着你只会伤害更多的鸟！”于是，鹧鸪鸟被捕鸟人炖着吃了。

在日常生活中，伤害别人就是在伤害自己的例子也不胜枚举。

有礼貌、有教养是每个人都应该遵循的基本行为规范。有礼貌是一个人良好人品的体现，有礼貌的人，无论到哪里都会受人欢迎。而一个粗鲁和莽撞的人，不仅惹人讨厌，还会失去很多机会。

詹姆斯·塞尔顿被认为是村上最没有教养的孩子，因为他说话很粗鲁，所以，他在路上经常被人指责。

如果碰到衣着讲究的人，他就会说人家是花花公子；如果碰到穿着破烂的人，他就说人家是叫花子。

一天下午，他和同伴放学回家，刚好碰到一个陌生人从村子里经过。那人衣着朴素，但却非常整洁。他手里拿着一根细木棍，棍的另一端还有一些行李，头上戴着一顶大遮阳的帽子。

很快，詹姆斯打上了这个陌生人的主意。他向同伴挤了一下眼睛，说："看我怎么戏弄他。"他偷偷地走到那人背后，打掉他的大帽子就跑掉了。

那人转过身看了一下，还没等他开口说什么，詹姆斯就已经跑远了。那人捡起帽子戴上，继续赶路。詹姆斯用和上次一样的方法想要那个人，可是这次他被逮住了。

陌生人怔怔地看着詹姆斯的脸，詹姆斯却趁机挣脱了。一会儿他发现自己又安全了，就开始用石块砸那个陌生人。

当詹姆斯用石块把那人的头砸破后，他感到害怕了，便偷偷摸摸绕过田野，跑回了家。

当他快到家时，妹妹卡罗琳刚好出来碰到他。卡罗琳的手里拿着一条漂亮的金项链，还拿着一些新书。

卡罗琳激动地告诉詹姆斯，几年前离开他们的叔叔回来了，现在就住在他们家里，叔叔还给家里人买了许多漂亮的礼物。为了给哥哥和父亲一个惊喜，他把他的车停在了一里外的一家客栈。

卡罗琳还说，叔叔经过村庄时被几个坏孩子用石块砸伤了眼睛，不过母亲已经给他包扎上了。

“你的脸看起来怎么这么苍白？”卡罗琳问詹姆斯。

詹姆斯告诉她没有什么事，就赶快跑回家，爬到自己楼上的房间，不一会儿，父亲叫他下来见叔叔。詹姆斯站在客厅门口，不敢进来。

母亲问：“詹姆斯，你为什么不进来呢？你平常可没有这么害羞呀！看看这块表多漂亮，是你叔叔给你买的。”

詹姆斯羞愧极了，卡罗琳抓住他的手，把他拉到客厅。詹姆斯低着头，用双手捂着脸。

叔叔来到詹姆斯的身旁，亲切地把他的手拿开，说：“詹姆斯，你不欢迎叔叔吗？”可是叔叔很快退了回来，说：“哥哥，他是你的儿子吗？他就是在街上砸我的那个坏小孩。”

善良的父亲和母亲知道了事情的原委，既惊讶又难过。虽然叔叔的伤口慢慢地好了，可是父亲却怎么也不让詹姆斯要那块金表，也不给他那些好看的书，虽然那些都是叔叔买给他的。

其他的兄弟姐妹都分到了礼物，詹姆斯只得看着他们快乐。他永远也不会忘记这次教训。

我们再来看看这第四只狐狸，这只狐狸很猖獗，有些肆无忌惮，它竟然敢撕咬葡萄藤，这直接引发了可怕的后果——死亡。一个人的生存环境是不断变化的，很有可能今天还要风得风、要雨得雨，但明天却叫天天不应、叫地地不灵。因此，为人处世一定要识时务，尽量“低调”些，不要过于张扬或猖狂，千万别因一时的显赫而得意忘形，招致大祸。

古时候，永州有一个人迷信得厉害，不管做什么事，总要看看吉不吉利。

这个人生在子年，属相是鼠，于是他就把老鼠当成是自己的保护神,万分敬重。他不但自己敬重老鼠,还订下了家规，不准大家消灭老鼠，将老鼠好好保护起来。所以他家里见不到一只猫，仆人们都小心翼翼的，生怕不经意间伤到了老鼠。

这样一来，老鼠在他家有恃无恐，更猖狂了。粮仓里、库房里到处可见成群结队的老鼠大吃大嚼，爱怎么破坏就怎么破坏，根本没人敢管。这还不说，老鼠们四下里奔走相告，说他家里简直是个天堂，每天吃得饱饱的，什么都不用害怕，于是越来越多的老鼠都闻讯搬到这个人家里来。

有了这样严重的鼠害，这一家子可遭殃了。家里的桌子、凳子、柜子全都被老鼠咬得残缺不全。柜子里面的衣服老鼠也不放过，东一个窟窿西一个洞，没有一件是完整的。食物简直就只能吃老鼠口里剩下的那一点。到了夜里，老鼠在屋里东奔西跑，上蹿下跳，“咯吱咯吱”地啃东西，还吱吱乱叫，弄得全家乱七八糟，吵得人觉也睡不着。白天老鼠都不歇着，跟人一块儿出出进进、来来往往，放肆极了，俨然它们才是这家的主人。

过了几年，这家人因为主人职位调动而搬到另一个郡去住了，这屋子换了主人。可是老鼠们丝毫不懂得收敛，还是闹得特别厉害。

新主人又生气又奇怪，跟家人说：“可恨这帮老鼠，本来只应在黑暗中偷偷摸摸地过活，现在竟然如此嚣张，实在可恶，我们应该想办法把它们全都消灭掉！”于是，他们向人家借了好几只凶猛的大花猫，大门紧闭，把出路都用砖瓦堵死，还用水浇灌老鼠洞，又专门雇了些人来帮助捕杀老鼠。

老鼠一下遭到了灭顶之灾，死亡不计其数，尸体堆得像座小山。人们把鼠尸扔到偏僻的地方去，臭味过了好几个月才消失。

从第四只狐狸撕咬葡萄藤的行为中，我们可以看出，它有着很严重的自私心理。其潜台词是:“我吃不到，我就毁掉，别人也吃不到！”自私会扭曲人的心理，造成心理贫穷。心理越贫穷就越自私。一个人越自私，最终会毁灭自己。其实，我们每个人都很富有，我们应该一起分享而不是独占。

我们来看下面的这个故事，它说明了自私的危害性。

从前，有两位很虔诚、很要好的人，决定一起到遥远的圣山朝圣，两人背上行囊，风尘仆仆地上路，誓言不达圣山朝拜，绝不返家。

两个人走啊走，走了两个多星期之后，遇见一位白发年长的圣者。这圣者看到这两位如此虔诚的教徒千里迢迢要前往圣山朝圣，就十分感动地告诉他们：“从这里距离圣山还有十天的脚程，但是很遗憾，我在这十字路口就要和你们分手了，而在分手前，我要送给你们一个礼物！什么礼物呢？就是你们当中一个人先许愿，他的愿望一定会马上实现；而第二个人，就可以得到那愿望的两倍！”

此时，其中一个人心里一想：“这太棒了，我已经知道我想要许什么愿，但我不要先讲，因为如果我先许愿，我就吃亏了，他就可以有双倍的礼物！不行！”而另外一教徒也自忖：“我怎么可以先讲，让我的朋友获得加倍的礼物呢？”

于是，两个人就开始客气起来。

“你先讲！”“你比较年长，你先许愿吧！”

“不，应该你先许愿！”

两位个人彼此推来推去，“客套地”推辞一番后，都就开始不耐烦起来，气氛也变了：“你干什么！你先讲啊！”“为什么我先讲？我才不要呢！”

两人推到最后。其中一人生气了，大声说道：“喂，你真是个不识相、不知好歹的人啊，你再不许愿的话，我就把你的腿打断，把你掐死！”

另外一人没有想到他的朋友居然变脸，竟然来恐吓自己！于是想，你这么无情无意，我也不必对你太有情有义！我没办法得到的东西，你也休想得到！于是，这个人干脆把心一横，狠心地说道：“好，我先许愿！我希望我的一只眼睛瞎掉！”

很快地，这个人的一个眼睛马上瞎掉，而与他同行的好朋友，也立刻两个眼睛都瞎掉了！

第四只狐狸带给我们的启示是：做恶事终会有恶报。害人之心不可有，害人就是在害己。损人不利己的事不要做，做了会惹灾祸。自私心理不可有，否则会失去更多。

·5·

第五只狐狸来到葡萄架下，它一看自己在高高的葡萄架下显得如此渺小，便伤心地哭了起来。为什么我这么矮小呢？如果像大象那样高大，不是想吃什么都能如愿了吗？为什么葡萄架这么高呢？我辛辛苦苦等了一年，本以为能吃到，却没想到是这种结果！

这只狐狸的表现，我们在心理学上称之为“倒退”，即个体在遇到挫折时，从人格发展的较高阶段退到人格发展的较低阶段。

这只狐狸在觉得自己摘不到葡萄后，它没有去想办法解决问题，而是表现出了典型的逃避心理。逃避心理就是回避心理，即在现实生活中，自己与社会及他人发生矛盾及冲突时，不能自觉地解决矛盾、冲突，而躲避矛盾、冲突的心理现象。逃避心理是一种消极的悲观心理，它会产生诸多不良后果，尤其是不能解决问题。

有的人在遇到障碍的时候会选择逃避，但逃避并不能够把事情解决，甚至有的时候，逃避还会损失更多的东西。当我们在遇到障碍的时候，要勇敢地把它移开。很多时候，移开了障碍才会得到新的机会。

有一个非常聪明的国王，他懂得如何教导自己的臣民养成好习惯，他非常注重培养人民的勤勉与细心。

他常说："如果人民只会抱怨或期待他人帮自己解决问题，那么好事就不会降临在这个国家，上帝只赐福给那些将命运掌握在自己手里的人。"

一天晚上，趁其他人都睡了，他把一块大石头放在通往皇宫的路上，然后躲在一边观察会发生什么事情。

首先，迎面而来的是一个农夫，马车上载满了谷物。

"是谁这么粗心大意？"他边说边把马车转向，绕过石头。"为什么这些懒人不把石头移走？"尽管他在不断地抱怨其他人的懒惰，他却碰都没碰那块石头。

过了一会儿，一位年轻的战士唱着歌走近了。他心中还想着自己在战场上的英勇，并未看到石头，直到石头差点将他绊倒。他生气地举起剑，咆哮着责骂过路人的懒惰，竟然没有谁把它搬走。他跨过石头走远了。

时间一天天地过去了，许多人打此经过，但依然没有人设法移动这块石头。

直到一天晚上，一个贫穷的青年正好经过。每天，天一亮他就到外面干活，非常疲惫。但是他看到了这块石头，自言自语："这么黑的天，如果有人经过这里会被石头绊倒的，我要把它挪开。"

年轻人开始搬石头，石头很大，他又非常劳累，移动起来很艰难，但是他最终还是将它移到了路的旁边。但让他惊讶的是，石头移开之后，下面竟然有一个盒子。盒子上面写着一句话："送给挪开石头的人。"他打开盖子，里面装满了金子！

当农夫与战士以及其他人听到消息后，马上聚集到曾经放石头的地方，在附近仔细寻找，希望也能发现一块黄金，但他们失望了。

国王对他们说："我们经常会遇到障碍与重担。如果选择绕过，可能会因此失去成功的机会，逃避的代价往往是失望。"

再来看下面的这个故事。

有两个落难者，借助于救生衣，总算游到了一个小岛上，但是烈日炎炎，他们口干舌燥。

甲叹口气说："没想到守着这么多的水，我们却会有渴死的危险。"

乙说："是啊，谁又能来救救我们呢？"

这时候，一只海燕飞了过来，对他们说："左前方有一口淡水井，你们快去那里饱饮一顿吧。”

“茫茫大海，哪里来的淡水井？”甲沮丧极了。

乙说：“与其在这儿渴死，还不如去看看呢？”

甲说：“去也只能是白白消耗能量罢了。你真是傻瓜，我还想再多活一会儿呢！”

结果，乙游过去了真的找到了一口淡水井，而甲却在绝望中渴死了。

当我们陷入困境时，本来是有摆脱困境的办法的，但是由于消极心态的作用，阻止了去尝试，所以一直在困境中挣扎。在身处困境时，只有敢于尝试，才有机会走出困境。

我们再来说说那只狐狸。从它面对摘不到葡萄的心理活动上来看，它比较悲观，有自卑心理。悲观是一种极为消极的心态，会导致很多悲剧的发生。

美国的塞利曼博士是一位著名的心理学家。他花了二十多年，找了一万多人做一些心理方面的实验。实验的结果显示，悲观的人往往会自怒自艾生出病来，有些严重的甚至会导致死亡。

塞利曼博士举了下面这个实例来说明：

一家铁路公司有一位调度人员尼克，他工作相当认真，做事也很负责尽职，不过他有一个缺点，就是他对人生很悲观，常以否定的眼光去看世界。

有一天，铁路公司的职员都赶着去给老板过生日，大家都提早急急忙忙地走了。不巧的是，尼克不小心竟被关在一辆冰柜车里。

尼克在冰柜里拼命地敲打着、叫喊着，全公司的人都走了，根本没有人听得到。尼克的手掌敲得红肿，喉咙叫得沙哑，也没人理睬，最后只得绝望地坐在地上喘息。

他愈想愈可怕，心想，冰柜里的温度在零下二十度以下，如果再不出去，一定会被冻死。他只好用发抖的手，找来纸笔，写下遗书。

第二天早上，公司里的职员陆续来上班。他们打开冰柜，发现尼克倒在里面。他们将尼克送去急救，但他已没有生还的可能。大家都很惊讶，因为冰柜里的冷冻开关并没有启动，这巨大的冰柜里也有足够的氧气，而尼克竟然给“冻”死了！

其实尼克并非死于冰柜的温度，他是死于自己心中的冰点。因为他根本不敢相信一向不能轻易停冻的这辆冰柜车，这一天恰巧因要维修而未启动制冷系统。他的不敢相信使他连试一试的念头都没有产生。

冰柜之外的我们，如果有一天，变得什么都不敢相信了，我们同样会死于无法预料的各种各样的心中的冰点。生活中，我们要突破自己的各种心理障碍，尤其是自卑心理。只有这样，我们才能溶化自己心中的冰点。

通常情况下，一个自卑的人，会认为自己什么事情都做不好，这样下去往往就会一事无成。我们每个人能来到这世界上，就说明是最优秀的。其实，无论是谁，都有自己的长处，在此基础上如果再有足够的信心，那么就会创造奇迹。

杰西·贾克逊是美国著名的牧师，曾在路易斯安那州的一家露天剧院传道，当时台下人山人海，可是，他始终把注意力放在前座的黑人少年身上。

只见这名少年一直坐立不安，不时长吁短叹。每当贾克逊把目光扫向他时，这名少年，总是立刻低下头去，很显然，这个小孩有很深的自卑感。因此，布道结束后，贾克逊立刻把握机会，前去与他寒暄，并说了许多鼓励他的话。

这男孩羞怯地说道：“难道我们黑人天生就是低等动物是

奴隶，一辈子都没有翻身的机会吗？”贾克逊牧师立刻拉起他的手，正色说道：“你和美国境内的每个黑人一样，都是最优秀的，都是百里挑一的……”

旁边有一个白人听了以后，向牧师挑衅地说：“是吗？为什么是这样，我倒想听听？”旁人立刻鸦雀无声，眼睛也全盯在贾克逊身上。这时，他不慌不忙地说道：“美国每个黑人的祖先均可追溯到非洲，也都是勇者的后裔，因为虚弱的人在离开丛林前已死亡，其他的也死在船上，所以残存的不论在智力、体力及毅力上都是最棒的，何况……”他瞄了那白人一眼又说道：“何况这两百多年来又受尽白人的压榨欺凌，仍然屹立不摇，你们说，是不是最优秀的……”贾克逊的话还没说完，旁观者已爆出热烈的掌声。

这个黑人男孩长大以后，成为了一名出色的军人，退役后进入了政府部门担任要职。

第五只狐狸带给我们的启示是：悲观是一种极为消极的心理暗示，会导致情绪低落，乃至出现其他心理问题。而逃避不但解决不了任何问题，反而会使难度越来越大。只有勇敢地面对问题，想办法解决，自信乐观，才是最正确的心态。

·6·

第六只狐狸来到葡萄架下，它仰望着一串串葡萄，心想：既然我吃不到，别的狐狸能比我强到哪去？肯定也吃不到！如果是这样，那我又有什么好遗憾的呢？反正大家都一样！

这只狐狸的行为，在心理学中被称之为“投射”，即把自己的愿望与动机归于他人，断言他人有此动机和愿望，这些东西往往都是超越自己能力范围的。这种心理也可以理解为随波逐流，盲目跟风，或保持平常心。

从这只狐狸的心理活动中，我们可以看出这是只喜欢随波逐流的狐狸：反正别人也吃不到葡萄，我也一样。随波逐流即是我们常说的“随大流”。虽说这种心态倒是可以让人心宽，但也会束缚自身的发展，有时还会让自己出丑。

西班牙曾有位叫彼得罗一世的国王，他对于很多人来说，是正义的象征。

这天彼得罗一世宣布他将公开选拔法官。

三个人毛遂自荐，一个是宫廷的贵族，一个是曾经陪伴国王南征北战的勇敢的武士，还有一个是普通的教师。

在宫廷人员和三个候选人的陪伴下，国王离开王宫，率领众人来到池塘边。池塘上漂浮着几个橙子。

“池塘上一共漂着几个橙子啊？”国王问贵族。贵族走到池塘边，开始点数。

“一共是 6 个，陛下。”

国王没有表态，继续问武士同样的问题：“池塘上一共漂着几个橙子啊？”

“我也看到了 6 个，陛下！”武士甚至没有走近池塘就直接回答了国王的问题。

国王没有说话。

“池塘里有多少个橙子啊？”他最后问教师。

教师什么也没有说，径直走近池塘，脱掉鞋子，进到水里，把橙子拿出。

“陛下，一共是3个橙子！因为它们都被从中间切开了。”教师说。

“只有你知道如何执法，”国王说，“在得出最后的结论之前，我们应该加以证明，因为并不是所有我们看到的就是事情的真相。”

在判断某件事情时，不要人云亦云，更不要随波逐流，妄下结论。很多时候，我们所看到的并不是事情的真相。所以，在下结论前一定要经过证明。

与“随波逐流”一词相近的词是“盲目跟风”。

1593年，一位维也纳植物学教授到荷兰任教，他带去了一种荷兰人从没见过的植物——郁金香。这种原本生长在土耳其的植物有着极其华丽的外表，荷兰人一见到它就被深深地迷住了。教授把这种在土耳其非常常见的植物标以很高的价格出售，有些人尝试着买了一些，继而又倒手出售，结果大获其利。很多商人囤积居奇，储存了大批郁金香进行倒卖。

消息传出后，上至王公大臣，下至贩夫走卒都开始参与其中。每个人都知道，只要有了郁金香球茎，就等于有了大笔的财富。于是，一拨一拨的人群开始加入。这时候，已经没有多少人真正是为了观赏郁金香而来购买它，也没有人再去关心郁金香的真正价值。总之，人们疯狂地购买它，不管以多高的价格，都有人肯以更高的价格将这些花再买走。这个郁金香的神话持续了整整5年，直到有一天，再也没有人肯为郁金香去花费更高的价钱。这时候，神话破灭了，一个郁金香的球茎下跌到与一个洋葱头的价格相当。许多荷兰人在这一波“郁金香热”中倾家荡产。

为什么一向机智的荷兰人会做出如此狂热的举动？直到

20世纪初，英国经济学家凯恩斯才揭开了这个谜底。这个厌烦了以授课赚取酬金的经济学教授，决心到期货市场去碰碰运气。他向朋友借了几千英镑涉足其中，没几个月就赚了一万多英镑。但是在随后不久，他不但把赚来的钱输得精光，就连本钱也搭了进去。这时候，他开始潜心观察期货市场上各种人的行为。最后他发现，原来每样货物并不是按照其成本在进行交易，决定这个货物更为关键的因素在于人们对这批货物的预期有多高。也就是说，要想盈利并不在于你以多少钱把这个货物买下来，而在于是否还有人愿意用更高的价钱将他买走。这个发现被称为“博傻机制”，也叫做“最大笨蛋理论。”

正是凭借着这种“还有人比我更傻”的信念，一批批的荷兰人前仆后继地投身于炒作郁金香的热潮中。人们总是在寻求一个比自己更笨的人来让自己脱身，这个链条直到“最大的笨蛋”出现时才断掉。

一个人在一次投机之后侥幸逃脱，并不能证明他就是一个聪明人，这只能证明他在这一轮“赌博”中，并不是那个“最大的笨蛋”。而一旦不明就里的人误将上次的“成功经验”复制到下一次,那么或许他就成了那个“最大的笨蛋”。所以，对于那些急于寻找“捷径”的人来说，并不能保证他会失败，但也不能保证他会成功。头脑清醒，不盲目跟风，有自己的进退策略，才能赢得成功。

第六只狐狸很会自我安慰：我也没什么好遗憾的了，反正大家都一样。从某种意义上来说，这是保持平常心的表现。

何谓平常心？平常是一种境界，它“不以物喜，不以己悲”，不为外界环境的变化而或喜或忧。平常心不是“看破红尘”，也不是消极遁世，平常心是一种智慧，是一种积极的人生态度。保持平常心，才是人活在世间的自然状态。

从前，有一个学僧到法堂请示禅师道："我常常打坐，时时念经，早起早睡，心无杂念。我想在您座下没有一个人比我更用功了，可为什么还是无法开悟？"

禅师拿了一个葫芦、一块盐，交给学僧说："你去将葫芦装满水，再把盐倒进去，使它立刻溶化，你就会开悟了！"

学僧遵照指示去做，没多久，跑回来说道："我把盐块装进葫芦，可它老不化；葫芦口太小了，伸进筷子也搅不动。我还是无法开悟。"

禅师拿过葫芦倒掉了一些水，然后只摇晃几下，盐块就溶化了。禅师慈祥地说道："一天到晚用功，没有平常心，就如同装满水的葫芦，摇不动，搅不得，如何化盐，又如何开悟？"

学僧不解地问："难道不用功可以开悟吗？"

禅师仍耐心地解释说："修行如弹琴，弦太紧会崩断，弦太松不出声音。时刻保持着平常心，才是悟道之本。"

学僧终于领悟了其中的道理。

无论是参禅悟道还是做其他事情，只勤奋用功往往收效不大，之所以会出现这种情况，最主要的原因是忘却了平常心。所以，在日常生活和工作中，我们应该以平常心去待人接物，只有这样，我们才会处理好各种事情。

普希金说，一切都是暂时的，转瞬即逝……因此，在我们身处顺境时，要学会惜福与感恩；身处逆境时，要学会坚忍和等待，要相信逆境只是暂时的。保持平常心，告诉自己：这也会过去，一切都将会过去。

古希腊有一位国王，拥有至高无上的权势、享用不尽的荣华富贵，但他并不快乐。他可以主宰自己的臣民，却难以操控自己的情绪，种种莫名其妙的焦虑和忧郁不时让他闷闷不乐、寝食难安。

于是，他召来了当时最负盛名的智者苏菲，要求他找出一句人间最有哲理的箴言，而且这句浓缩了人生智慧的话必须有一语惊心之效，能让人胜不骄、败不馁，得意而不忘形、失意而不伤神，始终保持一颗平常心。苏菲答应了国王，条件是国王将佩戴的那枚戒指交给他。

几天后，苏菲将戒指还给了国王，并再三劝告他：不到万不得已，别轻易取出戒指上镶嵌的宝石，否则，它就不灵验了。

没过多久，邻国大举入侵，国王率部拼死抵抗，但最终整个城邦沦陷于敌手，于是，国王四处逃命。

有一天，为逃避敌兵的搜捕，他藏身在河边的茅草丛中，当他掬水解渴，猛然看到自己的倒影时，不禁伤心欲绝——谁能相信如今这个蓬头垢面、衣衫褴褛的人，就是那个曾经气宇轩昂、威风凛凛的国王呢？

就在他双手掩面欲投河轻生之际，他想到了戒指。他急切地抠下了上面的宝石，只见宝石里侧镌刻着一句话——这也会过去！

顿时，国王的心头重新燃起希望的火花。从此，他忍辱负重、卧薪尝胆，重招旧部并东山再起，最终赶走了外敌，赢回了王国。

而当他再一次返回王宫后，所做的第一件事便是将“这也会过去”这句五字箴言，镌刻在象征王位的宝座上。

后来，他被誉为最有智慧的国王而名垂青史。据说，在临终之际，他特意留下遗嘱：死后，双手空空地露出灵柩之外，以此向世人昭示那句五字箴言。

第六只狐狸带给我们的启示是：其一，随波逐流看似是比较稳妥的生存状态，但也会让自己变得平庸。其二，盲目跟风是没有主见的表现，往往会使人陷入困境。其三，如果能保持平常心，做个平常人，做些平常事，过平常生活，是一种福分。

·7·

第七只狐狸来到葡萄架下，它站在高高的藤架下面，心情极度低落。它想：为什么我吃不到呢？我的运气怎么这么差啊？我的命运怎么这么悲惨啊？想吃个葡萄的愿望都满足不了！它越想越郁闷，最后郁郁而终。

这只狐狸的情况是典型的抑郁症表现，从不去想怎么去努力，怎么才能成功，对自己没有一点自信。即以持久的心境低落状态为特征的神经性障碍。

为什么我吃不到呢？我的命运怎么这么悲惨啊，想吃个葡萄的愿望都满足不了，我的运气怎么这么差啊？

这只狐狸郁闷而死，是因为它心中有点太多的抱怨了，总觉得自己不幸运、不快乐、不幸福。其实，它不知道，会比较，才会有幸福而言。

有一个失意的城里人对生活失去了信心，他走进一片原始森林，准备在那里了却残生。

失意人发现一只猴子正在目不转睛地看着他，便招手让猴子过来。

“先生，有何公干？”猴子有礼貌地打着招呼。

“求求你，找块石头把我砸死吧！”失意人央求猴子。

“为什么？阁下难道不想活了？”猴子瞪着眼睛问。

“我真是太不幸了……”失意人话一出口，泪水便哗哗地流了出来。

“能跟我谈谈吗？我也是灵长类呀！”猴子善解人意地说。

“跟你谈有什么用……当年我差了一分，没有考上重点大学……呜……”失意人已经泪流满面了。

“你们人类不是还有别的大学吗？你是不是找不到异性？”猴子觉得上什么大学无所谓，有没有异性可是个原则问题。

“呜……”失意人又哭了起来，“有十几个美女追求我，最后我只得到其中一个不太漂亮的……”

“天啊，太不公平了！”猴子也为失意人打抱不平，“不过，您毕竟还捞上了一个。工作上有什么不顺心吗？”

“工作了十来年，才评上一个副教授。你说说，这书还怎么教下去？”失意人转悲为愤，怒气冲冲地说。

“薪水够用吗？”这只猴子看来懂得真不少。

“够用什么！每个月除了吃、穿、用，只剩下800多块钱，什么事也干不了！”失意人满腹牢骚。

“您真的不想活啦？”猴子紧紧盯着失意人的双眼，严肃地问。

“不想活了！你还等什么，快去找石头啊！”失意人不想再跟猴子啰嗦了。

猴子犹豫了一下，终于抓起来一块石头。就在它即将砸向失意人脑袋的时候，突然问失意人：“阁下，比起我来，您真是幸福。其实，我比您痛苦多了。这样吧，把您的地址告诉我，我去顶替您算了。”

失意人忙说：“那可不行！说真的，比起你来，我真是幸福的。”

猴子问：“那你现在还想死吗？”

失意人摇了摇头。

在这个世界上，没有一个人能事事如意，即使是比尔·盖茨，也不例外。凡事应往好的方面想，要学会比较——比上不足，比下有余。经常这样想想，我们就会感觉到幸福了。

有一个青年人非常不幸。

10岁时，他的母亲害病去世，他不得不学会洗衣做饭，照顾自己，因为他的父亲是位长途汽车司机，很少在家。

7年后，他的父亲又死于车祸，他必须学会谋生，养活自己，他再没有人可以依靠。

20岁时他在一次工程事故中失去了左腿，他不得不学会应付随之而来的不便，他学会了用拐杖行走，倔强的他从不轻易请求别人的帮助。

最后他拿出所有的积蓄办了一个养鱼场。然而，一场突如其来的洪水将他的劳动和希望毫不留情地一扫而光。

他终于忍无可忍了，他找到了上帝，愤怒地责问上帝："你为什么对我这样不公平？"

上帝反问他："你为什么说我对你不公平？"

他把他的不幸讲给了上帝。

"噢！是这样，的确有些凄惨，可为什么你还要活下去呢？"

年轻人被激怒了："我不会死的，我经历了这么多不幸的事，没有什么能让我感到害怕。终有一天我会创造出幸福的！"

上帝笑了，他打开地狱之门，指着一个鬼魂给他看，说："那个人生前比你幸运得多，他几乎是一路顺风走到生命的终点，只是最后一次和你一样，在同一场洪水中失去了他所有的财富。不同的是他自杀了，而你却坚强地活着，这就是你的幸运……"

幸与不幸之间并没有严格的分界线，全在于我们怎么看待这个问题。其实，只要能够坚强地活着，这本身就是一种莫大的幸运。因为只要坚强地活着，就会有希望，就会创造出属于自己的幸福。

我们再来说说这只狐狸的问题。我们可以看得出，这只狐狸心里充满了烦恼。那么烦恼是怎么来的呢？其实，烦恼都是自找的。

有一个制造各式各样成衣的商人，在经济不景气的波及下生意大受影响，因此他整天心情郁闷，每天晚上都睡不好觉。

妻子见他愁眉不展的样子十分不舍，就建议他去找心理医生看看，于是他前往医院去看心理医生。

医生见他双眼布满血丝，便问他说："怎么了，是不是受失眠所苦？"

成衣商人说："可不是吗！"

心理医生开导他说："这没有什么大不了的！你回去后如果睡不着就数数绵羊吧！"

成衣商人道谢后离去了。

过了一个星期，他又来找心理医生他双眼又红又肿，精神更加不振了。

心理医生复诊时，非常吃惊地说："你是照我的话去做的吗？"

成衣商人委屈地回答说："当然有呀！还数到三万多头呢！"

心理医生又问："数了这么多难道还没有一点睡意？"

成衣商人答："本来是困极了，但一想到三万多头绵羊有多少毛呀，不剪岂不可惜。"

心理医生于是说："那剪完不就可以睡了？"

成衣商人叹了口气说："但头疼的问题来了，这三万头羊毛所制成的毛衣，现在要去哪儿找买主呀！一想到这儿，我就睡不着了！"

做人做事，想得长远一点不失为一件好事。但有些事想的太远，就有了无休无止的压力，烦恼自然也就跟随而来。不要挂念太多不该挂念的事，不要把有些事想得太远，这样才能心静，才能快乐。

那只狐狸觉得自己很不幸，就像有些人觉得自己怀才不遇一样。

有一个年轻人，自以为是全才，但毕业以后却屡次碰壁，一直找不到理想的工作。他觉得自己怀才不遇，对社会感到非常失望，因为他感到是因为没有伯乐来赏识他这只“千里马”。痛苦绝望之下，他来到大海边，打算就此结束自己的生命。在他正要自杀的时候，正好有一个老人从这里走过，救了他。老人问他为什么要走绝路，他说自己不能得到别人和社会的承认，没有人欣赏并且重用他……

老人从脚下的沙滩上捡起一粒沙子，让年轻人看了看，然后就随便地撒在了地上，对年轻人说：“请你把我刚才撒在地上的那粒沙子捡起来。”

“这根本不可能！”年轻人说。

老人没有说话，接着从自己的口袋里掏了一颗晶莹剔透的珍珠，也是随便地撒在了地上，然后对年轻人说：“你能不能把这个珍珠捡起来呢？”

“这当然可以！”

“那你就应该明白是为什么了吧？你应该知道，现在自己还不是一颗珍珠，所以你还不能苛求别人立即承认你。如果要别人承认，那你就要由沙子变成一颗珍珠才行。”

年轻人幡然醒悟。

很多时候，我们之所以得不到别人的认可，是因为我们只是一颗普通的沙粒，而不是价值连城的珍珠。所以，若要使自己得到别人的赏识，那你就要努力使自己成为一颗珍珠。

第七只狐狸带给我们的启示是：如果与抱怨、郁闷相伴，那么幸福和快乐就会远离。与其整天抱怨，不如寻求改变。幸与不幸全由自己决定，命运其实就掌握在自己手中。

·8·

第八只狐狸来到葡萄架下，它尝试着跳起来去够葡萄没有成功，它试图让自己不再去想葡萄，可是又抵抗不了诱惑，它还试了一些其他的办法也不见效。当它又听说有的狐狸已经吃到葡萄后，心情更加抑郁了，最后竟一头撞死在葡萄架下。

这只狐狸的下场，是由于它心理不平衡造成的。在现实生活中，我们经常会遇到类似的“不患无，患不均”的现象。很多人在与别人比较的时候，因为心理不平衡而选择了不适当的应对方式。

这只狐狸比上一只狐狸死得悲壮些，即使是吃不上葡萄也犯不上撞死啊，看来这是只不懂得珍惜生命，不懂得感恩生活的狐狸。

一个年轻男人想要自杀。入夜后，他走到屋后树林里，想上吊。

当他把一根绳子绑在树枝上后，树枝说话了："亲爱的年轻人哪！别在我身上吊死啊，有一对小鸟正在我的枝头上筑巢呢！我很高兴能保护他们。如果你在我身上上吊，我就会折断，鸟巢也就保不住了。请你谅解我，并且也可怜那对小鸟吧！"

年轻人听了，体谅了他的爱心，就放弃了这枝树枝，找到更高的另一根树枝。可是当他把绳子绑上去时，这树枝也说话了："年轻人，请你谅解我吧！春天就要到了，不久之后我就要开花，成群的蜜蜂会飞来嬉戏、采蜜，这带给我极大的快乐。如果你在我身上上吊，我就会被你折弯到地上，花朵就被摧残而死，那么蜜蜂们会非常失望。"年轻人听了，只好默默的攀上了第三根树枝。

"原谅我吧！"他还没绑绳子，树枝就开口了，"年轻的朋友啊！我把自己远远的伸到路上，目的就是要使疲惫的旅行者在我的底下得到一些凉荫，这带给我很大的快乐。如果你吊在我身上，会使我折断，以后我就再也不可能享有这种快乐了。”

年轻的厌世者陷入了沉思，他问自己：“我为什么要自杀？只因为我承受痛苦吗？树枝都如此热爱生活，关心身边的事物，而我……”。

想到这里，他走出森林。

人不能只在意自己，只在意自己受了什么伤害、委屈，承受了多少重担、压力，结果只能愈来愈萎靡不振。如果将目光从自己身上移开，多注意别人的需求，以帮助别人、使别人得到益处为志向，摆脱绝望的纠缠。如此，眼界将会逐渐开阔，生活自然日益丰富，生命也将日益蓬勃。所以，什么时候都应该珍重自己的生命。

我们不但要珍惜生命，还要懂得感恩我们所拥有的一切。

一位美国老师曾给他的学生讲过一件令其终生难忘的事情。

“我曾是个多虑的人，”他说道，“但是，1934 年的春天，我走过韦布城的西多提街道，有个景象扫除了我所有的忧虑。事情的发生只有十几秒钟，但就在那一刹那，我对生命意义的了解，比在前 10 年中所学的还多。那两年，我在韦布城开了家杂货店，由于经营不善，不仅花掉所有的积蓄，还负债累累，估计得花 7 年的时间偿还。我刚在星期六结束营业，准备到商矿银行贷款，好到堪萨斯城找一份工作。我像一只斗败的公鸡，没有了信心和斗志。突然间，有个人从街的另一头过来。那人没有双腿，坐在一块安装着溜冰鞋滑轮的小木板上，两手各用木棍撑着向前行进。他横过马路，微微提起小木板准备登上路边的人行道。就在那几秒钟，我们的视线相遇，只见他坦然一笑，很有精神地向我打招呼：‘早安，先生，今天天气真好啊！’我望着他，突然体会到自己何等的富有。我有双足，可以行走，为什么却如此自怜？这个人缺了双腿仍能快乐自信，我这个四肢健全的人还有什么不能的？我挺了挺胸膛，本来准备到商矿银行只借 100 元，现在却决定借 200 元；本想说我到堪萨斯城想找份工作，现在却有信心地宣称：我到堪萨斯城去找一份工作。结果，我借了钱，找到了一份不错的工作。”

老师最后说：“现在，我把下面一段话写在洗手间的镜面上，每天早上刮胡子的时候都念它一遍：我闷闷不乐，因为我少了一双鞋，直到我在街上，见到有人缺了两条腿。”

人的一生总会遇到各种各样的挫折，但快乐的人却不会将这些装在心里，他们拒绝忧虑，他们选择快乐。如果你想生活得快乐，那么就要学会知足。因为，快乐就是知足，就是珍惜现在拥有的一切。

一天早晨，斯利醒来后，又回忆起往日的梦境。“我真是太不幸了。”斯利对他最要好的朋友说。

“为什么？”朋友问。

“因为我的妻子和梦想中的不一样。”

“你的妻子既漂亮又贤惠，”他的朋友说，“她创作了动人的绘画并能做出美味的菜。”

但斯利对此却不以为然。

“我真是太伤心了。”有一天斯利对妻子说。

“为什么？”妻子问。

“我曾梦想住在一所有门廊和花园的大房里，但是现在却住进了 47 层高的公寓。”

“可我们的房间不是很舒适嘛，而且还能看见大海，”妻子说，“我们生活在爱情与欢乐中，而且我们还有三个漂亮的孩子。”

但斯利却听不进去。

“我实在是太悲伤了。”斯利对他的医生说。

“为什么？”医生问。

“我曾梦想成为一名伟大的探险家，但现在却成了一名秃顶的商人，而且膝盖落下了残疾。”

“你提供的药品已经挽救了许多人的生命。”

可斯利对此却无动于衷。结果，医生收了他 110 美元并把他送回了家。

“我的确是太不幸了。”斯利对他的牧师说。

“为什么？”牧师问。

“因为我曾梦想有三个儿子，可我却有了三个女儿。”

“但你的女儿聪明又漂亮。”牧师说。

可斯利却听不进去。极度的悲伤终于使斯利病倒了。

他躺在洁白的病床上，看着那些正在为他进行检查和治疗的仪器——而这些则是由他卖给这所医院的。

一天夜里，斯利梦见自己对上帝说：“小的时候，你曾答应满足我的所有要求，可你为什么没有把那些赐予我？”

“我能够赐给你，”上帝说，“不过，我想用那些你没有梦见的东西而使你惊奇。我已经赐予你一个美丽而善良的妻子、一个体面的职业、一个好的住所及三个可爱的女儿。这些的确都是最美好的……”

“可是，”斯利打断了上帝的话，“你并没把我真正想要得到的赐给我。”

“但我想，你会把我所真正希望得到的给予我。”上帝说。

“你需要什么？”斯利从未想过上帝要得到什么。

“我要你愉快地接受我的恩赐。”

过一夜，斯利决定重新再做一个梦。

斯利康复了，幸福地生活在位于 47 层的家中。斯利喜欢孩子们的美妙声音，喜欢妻子那深棕色的眼睛与精美的花鸟画。

从此，斯利的生活充满了阳光。

有的人已经有了一个幸福的家庭以及一份理想的工作，但是却仍然不满足，这份不满足会让他觉得非常不快乐，于是就会在心理上产生一种疾病，这种疾病往往会带走他所拥有的一切。当一切都化为乌有的时候，他就会开始后悔，后悔已前为什么不知道珍惜那些幸福的日子。这是很多人的一个通病。要知道，容易知足的人才会拥有快乐。

这只狐狸死的原因，主要是因为心里不平衡——对别的狐狸能吃到葡萄心生羡慕，更多的是嫉妒。那么，我们有必要羡慕和嫉妒别人吗？当然没有这个必要。

有这样两个人：一个是体弱的富翁，一个是健康的穷汉。这两个人相互羡慕着对方。富翁为了得到健康，乐意让出他的财富；穷汉为了成为富翁，随时愿意舍弃健康。

一位闻名世界的外科医生发现了人脑交换方法。富翁赶紧提出要和穷汉交换大脑，穷汉也非常乐意，其结果是：富翁将会变穷，但能得到健康的身体；穷汉将会富有，但将病魔缠身。

手术成功了，穷汉成为了富翁，富翁变成了穷汉。

不久后，成了穷汉的富翁由于有了强健的体魄，又有着成功的意识，渐渐地又积累了财富。可同时，他总是担忧自己的健康，一感到有些轻微的不舒服便大惊小怪。由于他总是那样担惊受怕，久而久之，他那极好的身体又回到原来那多病的状态里；也就是说，他又回到以前那种富有而体弱的状态中。

由穷汉变成了富翁的那位总算有了钱，虽然身体孱弱，但他总是忘不了自己是个穷汉。他不想用换脑得来的钱相应地建立一种新生活，而不断地把钱浪费在无用的投资中，真正应了“老鼠不留隔夜食”这句老话。钱不久便挥霍殆尽，他又变成原来的穷汉。然而，由于他无忧无虑，换脑时带来的疾病不知不觉地消失了。他又像以前那样有了一副健康的身子骨。

最终的结局是：两个人又都回到了各自原来的模样。

要想成为某种人，最重要的是要具备某种心态。一个不具备某种心态的人，即使有幸获得某些东西，也迟早会失去。其实，不必羡慕别人的名声、金钱、地位和健康等，只需做好最真实的自己即可。

第八只狐狸带给我们的启示是：不要和别人做无谓的比较，这样才能保持健康的平衡的心态。我们要珍惜生命，不要动不动地就拿生命开玩笑。我们要心怀感恩地生活，珍惜现在所拥有的一切，知足才能常乐。

·9·

第九只狐狸来到葡萄架下，同样吃不到葡萄。但它想：听别的狐狸说，柠檬的味道似乎和葡萄差不多，既然我已经吃不到葡萄了，何不尝一尝柠檬的美味呢？总不能在一棵树上吊死吧！因此，它心满意足地去寻找柠檬了。

这只狐狸的行为，在心理学上我们称之为“替代”，即以一种自己可以达到的方式来代替自己不能满足的愿望，也可理解为变通，换个角度看问题。

柠檬
的味道似乎和葡萄差
不多，既然我吃不到葡萄
何不尝一尝柠檬呢？

这只狐狸是只聪明的狐狸，当它知道无法摘到葡萄后，它就放弃了摘葡萄，转而去寻找柠檬去了，而且是心满意足地去寻找。我们可以看得出，这是一只懂得换个角度去看问题的狐狸。换个角度去看问题，坏事也会变成好事。

阿根廷著名的高尔夫球手罗伯特·德·温森多有一次赢得一场锦标赛，领到支票后，他微笑着从记者的重围中出来，到停车场准备回俱乐部。

这时候一个年轻的女子向她走来。她向温森多表示祝贺后又说她可怜的孩子病得很重——也许会死掉——而她却不知如何才能支付起昂贵的医药费和住院费。

温森多被她的讲述深深打动了。他二话没说，掏出笔在刚赢得的支票上飞快地签了名，然后塞给那个女子。

“这是这次比赛的奖金，祝可怜的孩子走运。”他说道。

一个星期后，温森多正在一家乡村俱乐部进午餐。一位职业高尔夫球联合会的官员走过来，问他一周前是不是遇到一位自称孩子病得很重的年轻的女子。

“停车场的孩子们告诉我的。”官员说。

温森多点了点头。

“哦，对你来说这是个坏消息，”官员说道。“那个女人是个骗子，她根本就没有什么病得很重的孩子。她甚至还没有结婚！温森多——你让人给骗了！我的朋友。”

“你是说根本就没有一个小孩子病得快死了？”

“是这样的，根本就没有。”官员答道。

温森多长吁了一口气。“这真是我一个星期来听到的最好的消息。”温森多说。

任何事物都具有两面性。本来是一件坏事，如果从另一角度看，则会是件好事。所以，在遇到诸如不顺、打击、失败等时，不妨从另一个角度去看待问题。这样，人生才会快乐和幸福。

这只狐狸最大的聪明之处，是懂得变通。为人处世不能一味地顽固不化，要学会灵活变通。例如，在你想要说服一个人，而又屡次没有效果的时候，最好的方法就是要为他着想，让他也能从中获得利益。这样，我们就可以达到自己的目的。

一个牧场主养了许多羊。他的邻居是个猎户，院子里养了一群凶猛的猎狗。这些猎狗经常跳过栅栏，袭击牧场里的小羊羔。牧场主几次请猎户把狗关好，但猎户不以为然，口头上答应，可没过几天，他家的猎狗又跳进牧场横冲直撞，咬伤了好几只小羊。

忍无可忍的牧场主找镇上的法官评理。法官说：“我可以处罚那个猎户，也可以发布法令让他把狗锁起来。但这样一来你就失去了一个朋友，多了一个敌人。我可以给你一个更好的主意。”

法官如此这般交代一番。牧场主连连称是。

一到家，牧场主就挑选了 3 只最可爱的小羊羔，送给猎户的 3 个儿子。看到洁白温顺的小羊，孩子们如获至宝。因为怕猎狗伤害到儿子们的小羊，猎户做了个大铁笼，把狗结结实实地锁了起来。从此，牧场主的羊群再也没有受到骚扰。

在生活和工作中，总要遇到这样或那样的问题，有的人在谈笑间问题迎刃而解；有的人忙忙碌碌，到头来还是焦头烂额。要知道，不是每件事都在你的掌握之中，遇到问题时不要只是抱怨，而是要懂得变通，不要死盯着一处，才能扭转自己处于劣势的地位，最终找出一种可行的方法把问题摆平。

一次，一个有钱有势的富贵人家请鲁班为他建造一座华贵的厅堂。

在鲁班的指挥下，工匠们各司其职，分工协作，工程进展十分迅速。眼看就要到树立柱子、搭盖屋顶的时候，鲁班忽然大叫一声："糟糕！工匠们莫名其妙，纷纷问道："师傅，怎么了？"鲁班连喊数声"抱歉"，指着堆在院内的名贵的香樟木头说："我一时疏忽，把这些作厅柱的木头截短了，怎么办，怎么办？"工匠们听罢个个面色灰白：这批香樟木价格极其昂贵，即使大伙倾家荡产也难以赔偿；就算赔得起，再去办一批货来，势必延搁厅堂完工的日期，而主人正等着用新厅堂举办寿诞，招待朝廷那些达官贵人呢。耽误了可不是闹着玩的，说不定大家都要去吃官司呢。

鲁班急得食不甘味，睡不安稳。妻子发现丈夫终日愁眉苦脸，问明缘由，笑道："亏你还是工匠的权威呢！连这种简单的问题也解决不了。"鲁班问道："难道你有办法？"妻子白了他一眼，笑道："你说我的身材高不高啊。"鲁班说："不高，不高，只到我的肩膀。"妻子又问："那我现在怎么同你差不多呢？"鲁班恍然大悟道："啊，你在靴底上垫着木拖鞋，头上插着玉簪、珠花。啊！有了！"

在妻子的启发下，鲁班在每根厅柱脚下垫起圆形的白柱石，厅柱的顶端镶接着雕花篮和鸟首的柱头，这样便解决了难题。富丽堂皇的厅堂如期建成了。

生活中的很多事情，只要你变通一下思维，就可以变不可能为可能。从成功学的角度讲，没有不能实现的事情。学会变通思维，你将会奏出精彩的人生乐章。

大作曲家莫扎特还是学生时，曾和老师海顿打过一次赌。他说，他能写出一段曲子，老师准弹不了。

世界上竟会有这种怪事？在音乐殿堂早已功成名就的海顿对此岂能轻易相信。

见到老师疑惑不解的样子，莫扎特伏案疾书起来，很快便将一段曲谱交给了老师。

海顿未及细看便满不在乎地坐在钢琴前弹奏起来。但很快海顿就弹不下去了，他惊呼起来："这是什么呀？我两手分别弹响钢琴两端时，怎么会有一个音符出现在键盘中间位置呢？"

接下来海顿以他那精湛的技巧又试弹了几次，还是不成，最后无可奈何地说："真是活见鬼了，看样子任何人也弹奏不了这样的曲子了。"

显然，海顿这里讲的"任何人"其中也包括莫扎特。

只见莫扎特微笑着接过乐谱，坐在琴凳上，胸有成竹地弹奏起来，海顿也屏住呼吸留神观看他的学生究竟会怎样去弹奏那个需要"第三只手"才能弹出来的音符。

令老师大为惊喜的是，当莫扎特遇到那个特别的音符时，他不慌不忙地向前弯下身子，用鼻子点弹而就。海顿禁不住对自己的高徒赞叹不已。

很多问题，往往都有不止一种解决方法。有时候，看似愚蠢的做法甚至会产生让人意想不到的好效果。所以，当遇到难题的时候，我们最好能换个角度去思考，尝试通过不同的渠道选取最优的方案。

1916 年，美国犹他州小镇弗纳尔的居民非常渴望修建一座砖砌的银行。如果能建成，这座银行将是小镇上的第一家银行。

镇长买好了地，备好了建筑图纸，万事俱备，只是砖还没有着落。

就在一切仿佛都进展得很顺利的时候，障碍出现了。这是一个致命的障碍，由于它，整个工程计划险些化为泡影：从盐湖城用火车运砖，每磅要 2.5 美元。这个昂贵的价格将断送一切——没有足够的砖，就不会有银行。

幸运的是，小镇里的一位商人开始以一个全新的角度来考虑这个问题。他想出了一个近乎愚蠢的主意——邮寄砖！

结果是：包裹每磅 1.05 美元，比用火车运送便宜了一半的价钱。事实上，不仅是价格便宜了一半，而且邮寄过来的砖和用火车货运过来的砖是由同一班列车运送的！就是这么一个货运和邮递之间的价格差异使情况完全不同了。

几周之内，邮寄的包裹像洪水般涌入小镇。每个包裹 7 块砖，刚好可以不超重。这样，弗纳尔镇的居民很骄傲地拥有了他们的第一家银行。而且，这家银行全部是用邮寄过来的砖盖起来的。

第九只狐狸带给我们的启示是：当不好的事情发生时，不妨换个角度去看待这件事，角度不同，也许就会坏事变好事。当我们面临棘手的问题时，不妨改变一下解决问题的方式方法，我们会发现“变则通”。

·10·

第十只狐狸来到了葡萄架下，它看到了自己的能力与高高的葡萄架之间的差距，认识到以现在的水平和能力想吃到葡萄是不可能的了，因此它决定给自己充一下电，学习采摘葡萄的技术，最后如愿以偿地吃到了葡萄。

这只狐狸采用的是问题指向应对策略，它能够正确分析自己的现状和问题的性质，找到最适合自己的解决方案。这是一种较好的应对方式。这只狐狸的最大的成功之处，就是拥有好学的心态。

这只狐狸之所以能最后吃到了葡萄，和它善于学习的心态是分不开的。怎么样才能摘到葡萄呢？现在的能力不够啊，怎么办？给自己充充电。自身的素质提高了，能力上去了，摘葡萄就自然不在话下了。

每个人都仰慕成功者，甚至许多人觉得自己怀才不遇，可是真正扎扎实实、勤奋努力的人却少之又少。勤奋才是成功的阶梯。智慧不是自然的恩赐，而是勤奋的结果。只有把握住勤奋的钥匙，才能打开知识宝库的大门。勤奋是成功的敲门砖。如果真想有所成就，就应当静下心来，拿起勤奋这块敲门砖去敲门。

在汉朝时，有个叫匡衡的少年，他非常勤奋好学。由于家里很穷，所以他白天必须干许多活，挣钱糊口。只有晚上，他才能坐下来安心读书。但是，他又买不起蜡烛，天一黑，就无法看书了。匡衡心痛这些浪费的时间，内心非常痛苦。

他的邻居家里很富有，一到晚上好几间屋子都点起蜡烛，把屋子照得通亮。匡衡有一天鼓起勇气对邻居说："我晚上想读书，可买不起蜡烛，能否借用你们家的一寸之地呢？"邻居一向瞧不起比他们家穷的人，就恶毒地挖苦说："既然穷得买不起蜡烛，还读什么书呢？"匡衡听后非常气愤，不过他更下定决心，一定要把书读好。匡衡回到家中，悄悄地在墙上凿了个小洞，邻居家的烛光就从这洞中透过来了。他借着这微弱的光线，如饥似渴地读起书来，渐渐地把家中的书全都读完了。匡衡读完这些书，深感自己所掌握的知识是远远不够的，他想继续多看一些书的愿望更加迫切了。附近有个大户人家有很多藏书。一天，匡衡卷着铺盖出现在大户人家门前。他对主人说："请您收留我，我给您家里白干活不要报酬，只要让我阅读您家的全部书籍就可以了。"主人被他的精神所感动，答应了他借书的要求。匡衡就是这样勤奋学习的，后来他做了汉元帝的丞相，成为了西汉时期有名的学者。

时间就像金钱，它也是可以一分一秒地被积攒起来的。不管时间是长还是短，我们都应该善加利用，就算是我们生活中的一滴闲暇时光也要充分地利用起来，不要让任何一个可以发展自我的机会从身边溜走。不要放过闲暇的时光，它同样有黄金般的价值。

美国副总统亨利·威尔逊出生在一个贫苦的家庭，当他还在摇篮里牙牙学语的时候，贫穷就已经向他露出了狰狞的面孔。威尔逊10岁的时候就离开了家，在外面当了11年的学徒工，每年只能接受一个月的学校教育。

在经过11年的艰辛工作之后，他终于得到了一头牛和六只绵羊作为报酬。他把它们换成了84美元。他知道钱来得艰难，所以绝不浪费，他从来没有在娱乐上花过一个美元，每个美分都是经过精心算计的。

在他21岁之前，他已经设法读了1000本好书。这对一个农场里的孩子来说，是件不容易的事。在离开农场之后，他徒步到100英里之外的马萨诸塞州的内蒂克去学习皮匠手艺。他风尘仆仆地经过了波士顿，在那里他可以看见邦克希尔纪念碑和其他历史名胜。整个旅行他只花费了一美元六美分。

在他度过了 21 岁生日后的第一个月，就带着一队人马进入了人迹罕至的大森林，在那里采伐圆木。威尔逊每天都是在天际的第一抹曙光出现之前起床，然后就一直辛勤地工作到星星出来为止。在一个月夜以继日的辛劳努力之后，他获得了 6 美元的报酬。

在这样的穷途困境中，威尔逊先生下决心，不让任何一个发展自我、提升自我的机会溜走。很少有人能像他一样深刻地理解闲暇时光的价值。他像抓住黄金一样紧紧地抓住了零星的时间，不让一分一秒无所作为地从指缝间白白流走。

12 年之后，他在政界脱颖而出，进入了国会，开始了他的政治生涯。

学习，要向有学识的人学习，这个过程可能需要降低自己的身份，适当降低一下自己的目标，但这是值得的。欲速则不达，给自己定过高的目标，有时非但不会增加前进的动力，反而把自己搞得精疲力竭。所以，试着降低自己的物质目标以及事业野心，有时会带来许多机会，从而更容易获得成功。

法拉第由一个装订工成为了著名的大科学家，关键在于他能够到当时誉满欧洲的化学家戴维的实验室学习和工作。这样的好条件、好机遇是天上掉下来的吗？不，完全是靠他自己创造的。

法拉第在当装订书报的工人时，听了戴维的报告之后，把所有的报告整理分类，装上羊皮封皮，一次次邮给戴维。

戴维大为感动，请法拉第来和自己见面。法拉第很想在戴维的实验室找份工作，戴维却拒绝了，说：“你年纪也不小了，什么教育也没受过，还是回到装订车间去吧！”这无异于给法拉第当头泼了一瓢冷水。若是一般人，被人拒绝到这般地步，还有什么可说呢？法拉第则不然。一计不成又生一计。他向戴维请求："不能收我当实验员，就让我当勤杂工吧！"

就这样，法拉第创造了机遇，一步一步，终于当了实验室助手，并因此才有了一系列的创造发明，被后人尊称为"电学之父"，最终的成就还超过了戴维！

这世界上最可靠的是自己的智慧，因为智慧是别人无法夺走的，因为依靠智慧可以拥有自己想要的东西。怎样才能得到智慧？靠学习获得。

四处流浪的伯金来到了一个陌生的地方。在他走进一条街道的时候，看到有一个老头坐在街道的拐角处，那是一个乞丐。不知道什么原因，这个乞丐居然要请伯金喝咖啡。伯金没有拒绝。他们来到了广场喝起了咖啡。

几分钟以后，这个面貌和蔼的乞丐对他说，他有些重要的东西要给伯金看并要与他共同分享。伯金紧紧地跟在老乞丐的后面，穿过了几个街区，来到了图书馆。他跟着老乞丐走进了这座神圣而又庄严的知识殿堂，而这里曾是伯金讨厌的地方。

老乞丐让伯金坐在椅子上，说："我马上回来。"

不一会儿，老乞丐夹着几本旧书回来了。他把书放到桌子上，在伯金身边坐了下来。接着，老乞丐打开了话匣子，开始了那改变伯金一生命运的谈话。

"年轻人，我教你两件事。"他目不转睛地看着伯金，意味深长地说，"第一，不要从封面来判断一本书的好坏，因为封面有时也会蒙骗你。我敢打赌，你一定认为我是个乞丐，是不是？"

"难道你不是吗？"伯金反问道说。

“嗯，年轻人，我知道你会这么想的。不过，我会让你大吃一惊的。”他一边说着，一边神秘地望着伯金，“你可能不知道，其实我是这个世界上最富有的人之一，人们梦寐以求的任何东西我几乎都有。”说着，老乞丐收敛起笑容，目光也从伯金的脸上移向了远方，仿佛陷入了回忆之中。

“我原来住在繁华的大城市，凡是金钱能买到的东西，我全都拥有。但是一年前，我妻子死了，我为她祈祷，请求上帝保佑她的在天之灵。从那以后，我开始追忆过去的岁月，深刻反省人生的意义。我知道，生活是丰富多彩的，而我还有很多东西都没有体验过，比如做一个沿街乞讨的乞丐，于是我决定要做一年的乞丐。就这样，在过去的一年里，我从一个城市流浪到另一个城市，到处漂泊，到处乞讨。”说到这儿，他把目光再次移向伯金，“所以，年轻人，千万不要以貌取人，否则你会受骗的。”

他顿了顿，咽了口唾沫，语重心长地继续说道：“我要教给你的第二件事是要学会如何读书。因为这个世界上只有一种东西是别人无法从你的身上拿走的，那就是智慧！”

说完，他伸出一双肮脏不堪的手握住伯金的右手，把刚才从书架上找到的书放到了他的手上。那是柏拉图和亚里士多德的著作——已经流传了几千年的不朽经典。在他们分别的时候，老乞丐再三叮嘱伯金永远不要忘记他的教诲：因为这是一个“老乞丐”对他的忠实劝告。

多年以后，伯金已不再是一个乞丐了，他成了一个不但有钱财而且有学问的人。

第十只狐狸带给我们的启示是：智慧能够解决问题，学习能够改变命运。“活到老，学到老”是朴素的真理，人的一生是学习的一生。珍惜时间，虚心求教，增长智慧，学有所成，解决问题，学以致用，成功就在眼前。

·11·

第十一只狐狸来到了葡萄架下，它同样也面临着相同的问题。它转了一下眼睛，把几个同伴骗了过来，然后趁它们不注意，用铁锹将它们拍昏，将同伴摞起来，踩着同伴的身体，最终吃到了葡萄。

这只狐狸虽然最后也解决了问题，但它是在损害他人利益的基础上来解决问题的，这种应对方式是一种罪恶，是不可取的。

这只狐狸是只很有心计的狐狸，更是只卑鄙的狐狸，它的“成功”是建立在别人的牺牲之上的，是一种损人利己的恶行。我们应该予以鄙视和唾弃。不过，像这样的人，总不会有什么好下场的。

有这样一个寓言故事：

一只经历坎坷的老猫，在猫际社会中悟出了一系列如何成为猫上猫的哲理警训，经过它的策划与教诲，很多猫都大有作为。

一只黑猫找到老猫，它想超过所有被老猫点拨过的猫。

老猫想了想说：“要想超过它们，除非你变成身披凤羽的猫王，只有这样你才能一统猫界，独自为尊。”

黑猫大悦，忙问：“如何才能身披凤羽而成猫王？”

老猫告诉它，只要向南山的凤凰仙子送上厚礼，凤凰仙子自然会赐你一身五彩缤纷的凤羽。

黑猫害怕老猫再把这个成为猫上猫的方法传授给别的猫，它两拳就将老猫打死了。

老猫临死时说：“你会后悔的，只知道成功的方向是远远不够的。”

黑猫准备了 999 只老鼠，送到了南山。只食五谷从不杀生的凤凰仙子大怒：“我只收亲手耕耘而获的五谷！”她当即赐给黑猫一身象征奸诈险恶的鹰的羽毛，只给它留了一只猫头。

此时黑猫十分后悔，它后悔没有留着老猫为自己成为猫王做更详细的指导。

凤凰仙子看出了黑猫的心思，她说："毁掉助你攀升的梯子，注定了你要从攀升中跌落。打死老猫的那一刻，你就已经自毁了前程。"

过河拆桥、卸磨杀驴者都是一些心胸狭窄、急功近利的人，这种人不会有什么好的下场，也不会有什么好的报应。一个人只有时刻怀揣着一颗善良、感恩的心，他才能生活得快乐，才能得到更多的东西。

有些人往往不安什么好心，一心想陷害别人。害人之心不可有，一旦有了害人之心，就有可能让别人反咬一口。所以，这样的人往往害人不成，反而会害了自己。

有一次，兽王老虎得了重病。它躺在自己的洞窟里，大声地呻吟，吓得住在林子那一头的兔子用脚掌塞住自己的长耳朵。野兽们替它们的首领找寻医药，都无效果。老虎的病一天一天地加重着。

于是狼首相向林子里的野兽发布命令，叫它们去向这山林的兽王问候。老虎的洞窟里整天聚集着许多野兽。它们向兽王深深地鞠躬，祈愿它早日恢复健康。

到了傍晚，所有的野兽都来访问过了，除了一只狼还没有来访问过兽王。狐狸一向恨狼，因为狼常常说它狡猾。

因此，当狐狸得知狼不曾访问过老虎时，便走进洞窟，走到将死的兽王面前，说道："伟大而威武的君王！一切臣子都来到您的病床边，大家祈愿您幸福而健康。只有一只野兽忘记了自己的义务，不肯到您这里来。"

"这是谁？"老虎咆哮道，"你把这罪犯的名字说出来！"

狐狸露出牙齿，回答道："公正的君王，就是狼！它犯了应该处死的罪！"

"找它来，把它粉身碎骨！"老虎怒吼。

满心欢喜的狐狸跳出洞窟，奔向狼所住的树林的一端去了。

其实狼一直躺在洞窟旁边的丛林里，它在那里听到了狐狸说它的那些坏话。狐狸隐没在树林中时，狼就走进洞窟，恭敬地向生病的兽王问候。

"谁放你进来的？"老虎叫道，"你怎敢到这时候还不来祈愿我的健康和永久幸福？"

狼俯伏在地，放松了它的尾巴，用甜蜜的声音说："伟大的君王，请让我说明您的臣仆之所以来得这样迟的缘故。所有的野兽都到您的病床前来问候过您。但是其中没有一个拿神效的药来送给您，没有一个想到如何减轻您的苦痛。"

"这是真的，"老虎说，"它们之中没有一个说起过怎样使我恢复健康和强壮的！"

于是狼继续说："问候健康不是一件难事，但是这决不能使病好起来。我日日夜夜地考虑：怎样可以延长您的寿命呢？我走遍各国，去寻求可以医好您的良药。伟大的君王，因为这缘故，我来得这样迟。"

老虎听了这话高兴起来，叫道："狐狸还没有执行我的命令，真是幸运！赶快把药给我，假如这药能医得好我的病，我封你做首相。"

狼说："我跑了十个国家，然后遇到一个有名的医师。我问他：'要使我的威震山林的君王健康而幸福，应该怎么办。'这有名的医师回答我说：'让它在狐狸的毛皮上睡十夜，它便恢复健康了。"'

说过这话，狼谦恭地向兽王鞠躬，然后退出了洞窟。

老虎立刻命令把狐狸找来，剥去了它的皮。

老虎躺在狐狸皮上，开始等候恢复健康。狼就在这时候收拾它的财物，迁居到别处的树林里去了。

老虎在狐狸皮上躺了十天十夜，但病并没有好。这时候兽王才知道狼骗了它，但是已经迟了。但所有的人都知道：狐狸的死是活该的。

永远不能相信吃人者的话，吃人者的目的只有一个，想方设法让你被他吃掉。在任何时候都要分清敌友，更要看透那些伪君子。真正的坏人是不会有菩萨心肠的，不要被所谓的甜言蜜语所蒙骗。否则，会后悔莫及。

所有的池塘都为鱼鹰所涉足，鱼塘和水池是它食宿的好地方，所以鱼鹰的伙食一直都还不错。但随着年事渐高，精力衰退，原有的伙食水平难以为继，每况愈下。这只鱼鹰老眼昏花看不清水底，又无罗网捕鱼，只好经常忍受饥饿的煎熬。怎么办呢？在饥饿所迫、万般无奈之中它想出了一个好计谋。

鱼鹰在池塘边看见一只虾，便对它说：“我的好伙计，我有一个重要消息告诉大家：大祸将要降临到你们头上，一星期后这池塘的主人就要下网捕鱼虾了。”

这只虾听说后便急急忙忙向大家通报情况，一时间满城风雨，一片惊慌。所有的水族动物全跑了出来，聚在一起选派代表谒见这只鱼鹰。

“鱼鹰大人，您这消息是打哪儿来的？您说的靠得住吗？您有解救的办法吗？我们应该怎么办才好呢？”

“换个地方。”鱼鹰毋庸置疑地答道。

“可我们怎么换呢？”它们有些担心地说。

“你们不用操心，我可以把你们逐个带到我住处的附近，只有上帝才知道这条路，世界上没有比这更隐蔽的地方了。这是一个自然生成的鱼塘，一个歹毒的人类所不知道的去处，而且,这个鱼塘能使你们全体获得新生。”鱼鹰千真万确地说，一副老好人的模样。

大家全都相信了鱼鹰的话，于是这些水族动物被带到一块人迹罕见的岩石底下。鱼鹰这个伪君子却把它们全都安置在一条狭长的水坑里，而这里的水浅得见底。这时，鱼鹰想要逮住它们那可真是唾手可得，随心所欲。从此，这些水族动物悲惨的命运就真正开始了。

第十一只狐狸带给我们的启示是：成功从来都不应以伤害为代价。无论何时何地，都不要做损人利己的事，不要利用别人做坏事。同时，害人之心不可有，但防人之心不可无。在日常生活和工作中，轻信会让你受伤害。珍爱生命，远离小人。

·12·

第十二只狐狸来到了葡萄架下，这是一只风韵犹存的女狐狸。它想：我一个弱女子无论如何也够不到葡萄了，我何不利用一下别人的力量呢？因此，它找了一个年龄稍大些的男朋友，这位狐狸先生借助梯子给了女狐狸最好的礼物。

这只女狐狸的行为，在心理学上被称为“补偿原则”，即利用自己另一方面的优势或是别人的优势来弥补自己的不足，这种方式在一些情境下也不失为一种好方法。

这只狐狸是只充满智慧的狐狸。它知道依靠自己的力量是吃不到葡萄的，于是它借助了别人的力量最终吃到了葡萄。也就是说，它懂得怎样利用别人来弥补自己的不足，它懂得人际关系的力量。

在这个世界上，很多事看起来都是不可能办成的，因为缺少许多条件。其实，很多时候，只要肯动动脑筋，巧妙地利用某些潜在的资源，例如人际关系资源，往往就能把不可能变成可能。

有这样一个广为流传的故事。

在美国的一个小乡村，住着一个老头，他有个儿子，爷俩相依为命。

突然有一天，一个人找到老头，对他说："尊敬的老人家，我想把你的小儿子带到城里去工作。"

老头气愤地说："不行，绝对不行，你滚出去吧！"

这个人说："如果我在城里给你的儿子找个对象，可以吗？"

老头摇摇头："不行，快滚出去吧！"

这个人又说："如果我给你儿子找的对象，也就是你未来的儿媳妇是洛克菲勒的女儿呢？"老头想了又想，终于被让儿子当"洛克菲勒的女婿"这件事情说动了。

过了几天，这个人找到了美国首富、石油大王洛克菲勒，对他说："尊敬的洛克菲勒先生，我想给你的女儿找个对象。"

洛克菲勒说："快滚出去吧！"

这个人又说："如果我给你女儿找的对象，也就是你未来的女婿是世界银行的副总裁，可以吗？"

于是，洛克菲勒就同意了。

又过了几天，这个人找到了世界银行总裁，对他说："尊敬的总裁先生，你应该马上任命一个副总裁！"

总裁先生摇着头说："不可能，这里这么多副总裁，我为什么还要任命一个副总裁呢，而且必须马上？"

这个人说："如果你任命的这个副总裁是洛克菲勒的女婿，可以吗？"

总裁先生当然同意了。

说完了人际关系的力量，我们再来说说怎样用人的问题。

对于用人而言，什么样的人才就要用到什么地方，如果运用不当，这个人的才能就发挥不出来，也不会做出什么成绩。所以，在用人的时候，一定要掌握这个人的才能和长处，然后再看一下什么样的工作能让他的才能发挥得淋漓尽致，这才是正确有效的用人之道。

李嘉诚是香港商界呼风唤雨的富豪。出身寒门的李嘉诚通过半个世纪不懈的努力和奋斗，从一个普通人成为商界名人，并且取得了令人瞩目的成就，其中固然有他的勤奋和聪明，但每当提起他的成功之时，李嘉诚却坦然告知，良好的处世哲学和用人之道是他今日成功的前提。

白手起家的李嘉诚，在其长江实业集团发展到一定规模时，敏锐地意识到，企业要发展，人才是关键。一个企业的发展在不同的阶段需要有不同的管理和专业人才，而他当时的企业所面临的"人才困境"较为严重。李嘉诚克服重重阻力，劝退了一批创业之初帮助他一起打江山的忠心苦干的“难兄难弟”，果断地起用了一批年轻有为的专业人员，为集团的发展注入了新鲜血液。与此同时，他也制订了若干用人措施，诸如：开办夜校培训在职工人、选送有培养前途的年轻人出国深造。而他自己，也专门请了家庭教师传授知识，并自学英语。

在李嘉诚新组建的高层领导班子里，既有杰出金融头脑和非凡分析本领的财务专家，也有经营房地产的“老手”；既有生气勃勃、年轻有为的港人，也有作风严谨善于谋断的洋人。可以这么说，李嘉诚今日能取得如此巨大的成就，他的集团能成为纵横东西的跨国集团，是和他回避了东方式家族化管理模式，大胆起用洋人分不开的。他起用的那些洋专家，在集团内部管理上把西方先进的企业管理经验带入长江集团，使之在经济的、科学的、高效益的条件下运作，而在外，尤其是在西方，这些洋人不但是李嘉诚接洽收购的先锋，而且是他集团进军西方市场的向导。

精于用人之道的李嘉诚深知，不仅要在企业发展的不同阶段大胆起用不同才能的人，而且要在企业发展的同一阶段注重发挥人才特长，恰当、合理运用不同才能的人。因此，他的“智囊团”里既有朝气蓬勃、精明强干的年轻人，又有一批老谋深算的“客卿”。香港商界盛传李嘉诚左右手与“客卿”并重，其中最令人注目的是精明过人，集律师与会计师于一身的李业广和叱咤股坛的杜辉廉，后者为李嘉诚在股票发行、二级市场上的收购立下了汗马功劳，特别是在1987年香港股灾之前，为李嘉诚的集团成功集资100亿港元。

在总结用人心得时，李嘉诚曾形象地说：“大部分的人都会有部分长处部分短处，好像大象食量以斗计，蚂蚁一小勺便足够。各尽所能、各得所需，以量材而用为原则；又像一部机器，假如主要的机件需要用五百匹马力去发动，虽然半匹马力与五百匹相比是小得多，但也能发挥其一部分作用。”李嘉诚这一番话极为透彻地点出了用人之道的关键所在。

在用人上往往会出现各种问题，信任与不信任就是个大问题。用一个人就要信任他，“用人不疑，疑人不用”是条最根本的原则。不要轻易相信某些传言和自己的推想，这样最容易出现判断人的失误，导致内讧。

郑老板从国外进了一批香皂，每块进价 18 元，而以 20 元卖出，由于物美价廉，所以生意兴隆。李老板看在眼里，心想这个买卖大有可为，但是得先在郑老板获得足够的市场保证及独家代理权之前把他打垮。

这天，郑老板的电话一直响个不停，都是来告诉他李老板的香皂只卖 18 块钱的。

起初他还不相信，等到别人拿着李老板卖出来的香皂和收据时，他真是差点晕倒：“这怎么可能呢？卖价 18 块？一样的东西？李老板能赚钱吗？什么？你还听说他进价低得多？快！打电话给我在国外接洽业务的侄子，叫他责问香皂工厂，太不像话了！什么？美国工厂说给李老板的价钱也是十八块？我不信，非问李老板不可……”郑老板说着就拨通了李老板的电话。

“你看我像个会做不赚钱买卖的人吗？”李老板在电话那头哈哈地笑着，“要不要看看我新买的车？它可是用来运货的哦！”

郑老板脸都绿了，立刻直拨美国。

“必然是我那侄子搞的鬼……”

郑老板与他的侄子闹翻了，李老板趁机获得了独家代理权。他在通知郑老板时说:“老郑啊！你可别怨我，说实在的，我当时并没有在电话里骗你，不信的话，你看我现在不是要大赚钱了！喔，对了！你怎么能宁可相信传言和推想，却不信任自己的亲侄子呢？”

第二天，李老板宣布：本公司独家代理的美国香皂，一律涨价 4 块钱。

我们不但要学会用人，借助别人的力量，也要懂得结交优秀的人，这样会让自己也变得优秀起来。

美国一位名叫阿瑟·华卡的农家少年，在杂志上读了大实业家亚斯达的故事，他很想知道得更详细些，并希望能得到他们的忠告。

有一天，他跑到纽约，也不管几点开始办公，早上 7 点就来到亚斯达的事务所。在第二间办公室里，华卡立刻认出面前这位体格结实，浓眉大眼的人就是亚斯达。一开始，高个子的亚斯达觉得这少年有点讨厌，然而一听少年问他“我很想知道，我怎样才能赚得百万美元？”时，他的表情变得柔和并微笑起来，俩人竟谈了差不多一个小时。随后亚斯达还告诉华卡该怎样去访问其他实业界的名人。

华卡照着亚斯达的指示，遍访了一流的商人、总编及银行家。在赚钱方面，华卡所得到的忠告并不见得对他有所帮助，但是能得到成功者的知遇，给了他自信，他开始仿效他们成功的做法。

过了两年，这个 20 岁的青年，成为当初他做学徒的那家工厂的所有者。24 岁时，他成了一家农业机械厂的总经理，就这样，在不到 5 年的时间里，华卡就如愿以偿地赚到了百万美元。后来，这个来自乡村粗陋木屋的少年，又成为一家银行董事会的一员。

华卡在以后的创业过程中，一直实践着他年轻时到纽约学到的基本信条：多与比自己优秀的人结交。

结交优秀的人，并不仅仅是为了拓展自己的人际关系，更重要的是要向他们学习成功的经验，因为成功人士的经历就像书籍一样，好的书籍不仅能成为我们的益友，而且很可能成为指引我们走向成功的良师。正如比尔·盖茨所说："和那些优秀的人接触，你会受到良好的影响。"

第十二只狐狸带给我们的启示是：解决问题时要学会运用智慧。对于自己办不到的事情，可以借助别人的力量。一个好汉三个帮，懂得学会用人才能成功，学会用人就是在解放自己。当然，总是求助并非长久之计，根本之道还是让自己强大起来。

·13·

第十三只狐狸来到葡萄架下，它对葡萄架的高度非常不满，因为这导致了它不能尝到甜美的葡萄，于是它就怪罪起葡萄藤来：你也太好高骛远了吧？爬那么高干吗？而且葡萄的内心其实并没有表面看上去那么漂亮美味吧？！发泄完后，它平静地离开了。

这只狐狸的行为在心理学上，我们可以称之为“抵消作用”，即以从事某种象征性的活动来抵消、抵制一个人的真实感情。

这只狐狸懂得控制自己的情绪，懂得怎样宣泄自己的情绪，所以这是只比较理智的狐狸。它用自己想象的情绪，抵消了负面情绪带来的不良影响。

在日常生活中，很多人都不注意控制自己的情绪，结果让情绪伤害了自己。下面的这个故事就很好地说明了这个问题。

一只骆驼在沙漠里跋涉着。正午的太阳像一个大火球，晒得它又饿又渴，焦躁万分，一肚子火不知道该往哪儿发才好。

正在这时，一块儿玻璃瓶的碎片把它的脚掌硌了一下，疲累的骆驼顿时火冒三丈，抬起脚狠狠地将碎片踢了出去。却不小心地将脚掌划开了一道深深的口子，鲜红的血液顿时染红了沙粒，升腾起一股烟尘。

生气的骆驼一瘸一拐地走着，一路的血迹引来了空中的秃鹫。它们叫着在骆驼上方的天空中盘旋着。骆驼心里一惊，不顾伤势狂奔起来，在沙漠上留下一条长长的血痕。跑到沙漠边缘时，浓重的血腥味引来了附近沙漠里的狼，疲惫加之流血过多，无力的骆驼只得像只无头苍蝇般东奔西突，仓皇中跑到了一处食人蚁的巢穴附近，鲜血的腥味儿惹得食人蚁倾巢而出，黑压压的向骆驼扑过去。一眨眼，就像一块黑色的毯子一样把骆驼裹了个严严实实。

不一会儿，可怜的骆驼就鲜血淋漓地倒在地上了。

临死前，这个庞然大物追悔莫及地叹道：“我为什么跟一块小小的碎玻璃生气呢？”

在生活中，经常会有些小事让我们感到不舒服，这时一定要保持自己内心的平静，不要动不动就为了一点小事而大动肝火。为了一点小事而生气不但于事无补，往往还会造成无法弥补的严重后果。

情绪的确能影响人的行为，很多人因为不能控制情绪而做错了许多事，甚至导致了许多悲剧。那么，我们可以控制情绪吗？答案是肯定的。在遇事时，只要冷静下来，告诉自己等一等，我们就会控制住自己的情绪。

乔治·罗纳在二战期间被迫逃往瑞典，之前他曾在维也纳当过很多年的律师，人生阅历和生活阅历都很丰富。到了瑞典，他已身无分文，他必须找一份工作养活自己。

他学过好几种外语，既能说又能写，因而他想到一家进出口公司找份秘书工作。他给很多公司写信，谈了自己的想法，绝大多数公司回信告诉他，现在处于战争时期，他们不需要这类职员，不过他们已把他的名字存入档案。

其中有一封回信这样写道：“你对我生意的了解完全错误，你既错又笨，我根本不需要任何替我写信的秘书。即使需要，我也不会请你，因为你甚至连瑞典文都写不好，信里全是错字。”

乔治·罗纳读完这封信后怒火中烧，他简直要疯了。这个人也太讨厌了，他自己的瑞典文写得狗屁不通，错误百出，还有资格指责别人，太狂妄了。于是他也写了一封信，想气气那个讨厌的家伙。

他转念又想：等一等，我怎么知道这个人说的不对呢？

我学过瑞典文，可是它不是我的母语，或许我真犯了很多我不知道的错误。如果这样的话，我想找到一份工作，就必须努力学习。这个人可能帮我一个大忙，尽管他本意并非如此。他用这种难听的话表达意见，或许自有他的道理，我应该写封信感谢他一番。于是，他写了一封感谢信。

后来，他竟然被这家公司聘用了。

情绪是复杂多变的，其中猜疑是比较有意思的一种心理情绪。

从前，有个人把斧子弄丢了，他在家里到处寻找也找不到，于是便想："斧子又没长腿，难道会自己跑了不成？哼，一定是被人偷走的。"

从这天开始，他每天出出进进十分留意邻居们的表情，想探出来个究竟。

后来，他发现前院邻居家的儿子表情有些异常，就开始注意起他来。早晨，看见那家的儿子走出院门，左右看了看，像是心中有鬼的样子。早饭后，丢斧子的人干脆拿了把小凳子，坐在门口，仔细观察那家儿子的动静。

那家儿子从地里干活回来，看到他坐在门口，对他笑了笑，然后急匆匆地进了家门。他想：一定是这小子偷了我的斧子，否则，他不会那么神色慌张。我还要继续观察一下再说。

吃过午饭，那家的儿子又走出家门，到地里继续干活。他刚一伸头，看到了门口坐着的丢斧子的人，便又缩了回去，进屋待了好一会儿才又出来。

丢斧子的人故意问道："你刚才出了门，怎么又回去了？"

那家的儿子说："地里干活，有点儿冷，我又回去加了件衣服。"

"加一件衣服要那么久的时间？"

那家儿子看了他一眼，也没说出个所以然来，只是笑了笑，不置可否地匆匆到地里去了。

丢斧子的人想："一定是他偷了我家的斧子，看他说话吞吞吐吐的样子保准没错。"

丢斧子的人觉得毫无疑问可以断定那家的儿子是偷斧子的人了，但是，怎么样才能证明这件事呢？他左思右想，苦于没有证据，只好又买了把斧子。

一天，他到后山砍柴，无意中发现一棵树下放着一把斧子，仔细一看原来就是自己丢的那把。

第二天，他一出门，又碰上了前院邻居家的儿子，这回，怎么看那人也不像是偷斧子的人了。

当我们带着怀疑的心理去看一个人时，怎么看都会觉得自己怀疑的有理。当疑虑消除后，再去看这个人，怎么看怎么都觉得不像自己原先怀疑的那样。在事情没有弄清前，不要老是带着怀疑的心理去看人，更不要把问题情绪化，否则会造成不必要的误会。

我们说，控制自己的情绪是对的，但不可以压抑自己的情绪，否则会把自己囚禁起来。

杰克的故事，看起来像是典型的美国式的成功故事。

杰克小时候就显露出特殊的审美能力。在逐渐长大的过程中，他发现了自己的人生志向：建筑设计。从哈佛大学建筑系毕业时，他确定无疑地知道自己要的是什么工作：如果建筑是他的宗教，那么贝聿铭就是最高主教。在贝聿铭的公司里，杰克加入了他那一代最杰出的建筑师阵容，而且有相当一段时期在公司里学习成长。

但是他知道，一个建筑师如果真正相信自己的能力，必须自己开公司，表现自己的才华。然而光阴荏苒，杰克发现自己逐渐迷失在贝聿铭公司的炫目光环之中。在贝聿铭公司里，他的生涯是充满魅力的，很安稳，而且提供了另一种替代性的成功，这种成功从来不必让他冒着失败的风险。而问题恰恰就在于他没有失败的感觉。他清楚地了解这一点，正是这种了解使他感到绝望。

经过一段极端痛苦的历程，其间包括婚姻的破裂，杰克终于采取了行动。他这样描述当时的情形：那天我走进贝聿铭先生的办公室，对他说：“我要离开这里。”贝聿铭先生镇静地在百忙之中抬起头说：“杰克，我等待这一天已经7年了。”然后，他补充道：“我认为公司里只有两个人可能会出去试试身手，你就是其中一个。”

杰克很惊讶地发现，并不是贝聿铭使他成为一名“囚犯”——其实贝聿铭先生一向再和蔼不过了——这一切都是杰克自己造成的。与贝先生一起工作的这么多年中，杰克最持久的建筑创作就是这个自囚的笼子。

有的人犹豫太久，迟迟不肯去做一件事，是因为不知道下一步该怎么走。在很多时候，我们最持久的杰作，往往就是自囚的笼子。其实，只要我们不再犹豫不定，就会发现，事情总会有选择的余地。

信念也是一种情绪，人是应该要保持一定的信念的，如果信念没了，人就会出现问题。或许生命什么都可以缺，譬如失去一只眼睛，或者一条健全的腿，但就是不能失去信念。信念是支撑一个人活下去的支柱，有了这根支柱，在绝境中也能求得生存；失去了这根支柱，在顺境中也会使生命凋零。

在美国纽约，有一位年轻的警察叫亚瑟尔，在一次追捕行动中，他被歹徒用冲锋枪射中左眼和右腿膝盖。3个月后，当他从医院里出来时，完全变了个样：一个曾经高大魁梧、双目炯炯有神的英俊小伙，已变成了一个又跛又瞎的残疾人。

纽约市政府和其他各种组织，授予了他许许多多勋章和锦旗。纽约有线电台记者曾问他："您以后将如何面对您现在遭受到的厄运呢？"他说："我只知道歹徒现在还没有被抓获，我要亲手抓住他！"他那只完好的眼睛里，透射出一种令人战栗的愤怒之光。

这以后，亚瑟尔不顾任何人的劝阻，参与了抓捕那个歹徒的行动。他几乎跑遍了整个美国，甚至有一次为了一个微不足道的线索，独自一人乘飞机去了欧洲。

9年后，那个歹徒终于在亚洲某个小国被抓了，当然，亚瑟尔起了非常关键的作用。在庆功会上，他再次成了英雄，许多媒体称赞他是最坚强、最勇敢的人。

令人惊异的是，半年后亚瑟尔却在卧室里割脉自杀了。

在他的遗书中，人们读到了他自杀的原因："这些年来，让我活下去的信念，就是抓住凶手……现在，伤害我的凶手被判刑了，我的仇恨被化解了，生存的信念也随之消失了。面对自己的伤残，我从来没有这样绝望过……"

第十三只狐狸带给我们的启示是：人的情绪非常微妙，有时似乎难以驾驭，所以我们更要做它的主人。一张一弛，收放自如，自制的同时适当宣泄，才不会为情绪所伤。

·14·

第十四只狐狸来到了葡萄架下，发现自己无法吃到自己向往已久的葡萄时，它很轻蔑地看到地上落下来已经腐烂的葡萄和其他狐狸吃剩下的葡萄皮，作呕吐状，嘴上说：“真让人恶心，谁能吃这些东西啊！”

这只狐狸的行为在心理学上我们称之为“反向作用”，即行为与动机完全相反的一种心理防御机制。

真让人恶心，
谁能吃这些东西
啊！

这只狐狸虽然嘴上这么说，但心里还是想吃葡萄的，只是没办法吃到而已，所以给自己找个台阶下。也就是说，它的言行是不一致的，这还可以引申为有了想法不行动。

一天，大批老鼠聚集在天花板上面。

“都来了吗？”“都来了。吱，吱。”“今天有重要事情，想跟大家商量。”“什么重要事情？吱。”

“是猫的事情。”坐在中央的老老鼠说。

“什么？猫？”“猫什么的，光是听到就害怕啊！”

“是啊，猫是可怕的。吱。”老鼠们一听到说的是猫，就发抖了。甚至想逃走的老鼠也有。

“请大家安静。”老老鼠一面微微抽动胡须，一面大声叫喊。

“的确是这样，猫是可怕的家伙。”“是这样啦。昨天我家里的孩子给猫抓去吃掉了。“今天早晨，邻居老伯伯也给猫捉去了。”“嘿，嘿，嘿。猫真可怕。这家伙不知不觉就到身边来了。”“连脚步声音也听不到啊！”“只要猫一瞪眼睛，我身子就瘫了，逃也逃不成了。吱。”

老鼠们彼此靠近，悄悄交头接耳。

“所以我想出好主意来了。喂，大家听着。”老老鼠大声说，“难道没有猫一接近，马上就知道的办法吗？”

“这样的事情办得到吗？猫一点脚步声音也没有就到身边

来，所以要把老远就听得到声音的东西挂在猫身上，来代替脚步的声音。”

“代替脚步声音的东西是什么呢？”

老鼠们这样一问，老老鼠就得意地说：“是铃啊。把铃挂在猫的颈项上就好啦。这样一来，离得很远就晓得猫来了。”

“对呀！这是好主意。”老鼠们都赞成。

“猫一动，铃就响。”“猫一走，铃就响。”“铃一响，马上逃就好了。”

“铃一响，马上藏起来就好了。”

“好安心了，不怕猫了。”老鼠们齐声说，“把铃挂在猫的颈项上吧。”

“这样一来，猫就没有什么可怕了。”

这时候，在角落里的小老鼠，一面还在发抖，一面说：“可是，哪一个去把铃挂在猫的颈项上呢？我可绝对不愿意，因为肯定会被抓住吃掉。”老鼠们连一点声音也没有了。大家面面相觑。

“我也不愿意。我不敢去把铃挂在猫的颈项上。”“我也不愿意啊。这样的事情我不能做。”

我也，我也，我也，我也，不愿意，不愿意，不愿意，不愿意去把铃挂在猫的颈项上——所有老鼠都这样说。

尽管认为是好不容易才想出来的好主意，老鼠们却谁也没有去把铃挂在猫的颈项上的勇气。

当遇到一些问题的时候，当然就会想办法来解决问题。有的人会针对这些问题会提出一些符合实际的想法，而后用这些想法来解决问题。但有的人想出来的方法却是不切实际的，是根本没有办法或者是非常难以完成的，这样的想法永远都只是一种想法，没有任何意义。

对于成功而言，不去付出实实在在的努力，是不可能取得成功的。

勃兰威尔从小聪明伶俐，特别在绘画和文学创作方面格外超群，被公认为是“天才男孩”。他们家并不富裕。为了培养勃兰威尔早日成功，全家人，特别是他的三位姐姐，节衣缩食，省下钱来送他到伦敦皇家美术学院去学习。可是，不久他便灰心丧气地回了家，学业无成。

他觉得学绘画太难了，不如搞文学创作有意思。于是，三位姐姐有的到学校教书，有的当家庭教师，挣钱来负担他，全力支持他进行文学创作。然而，勃兰威尔却感到写作太苦了，许多年过去了，他连一篇像样的作品都没能写出来，反而吃喝玩乐，染上了酗酒、抽鸦片的不良嗜好。他庸碌一生，一事无成。临终之前，他回忆往事，十分痛悔，写了一篇人生杂感《天才的悲剧》。

勃兰威尔的三位姐姐为弟弟成才，倾注了无尽的爱心，做出了无私无悔的奉献。她们在艰苦的辛劳之余，利用晚上的一点余暇，凑着烛光，试图攀登弟弟所具有的文学天才的高峰。最终，她们分别为世界文学宝库留下了重要之作：安妮写下了小说《艾格尼斯·格雷》，埃米丽写下了经典名著《呼啸山庄》，夏洛蒂写下了不朽名著《简·爱》。

不要指望成功随随便便就能落到自己的头上，这是不现实的。即使是天才，也不能脱离勤奋而存在，脱离了勤奋的天才，只能是庸才。一个即使天份一般的人，若能勤奋起来，往往也能成为天才。

对于勇气而言，真正的勇气是实事求是，而不是蛮干与盲从。

三名海军上将谈论什么是真正的勇气。

德国将军说："我告诉你们什么是真正的勇气，"说完他召来一名水手。"你看见那根 100 米高的旗杆了吗？我希望你爬到顶端，举手敬礼，然后跳下来！"

德国水手立即跑到旗杆前，迅速爬到顶端，漂亮地敬了个礼，然后跳下来。

"嗬，真出色！"美国将军称赞地说，他对一名美国水兵命令道："看见那根 200 米高的旗杆了吗？我要你爬到顶，敬礼两次，然后跳下来。"

美国水兵非常出色地执行了命令。

"啊，先生们，这真是一次令人难忘的表演。"英国将军说，"但我现在要告诉你们，我们皇家海军对勇气的理解。"

他命令一名水手："我要你攀上那根高 300 米的旗杆顶端，敬礼三次，然后跳下来。"

"什么？要我去干这种事？先生你一定神经错乱了！"英国水手瞪大眼睛叫了起来。

"瞧，先生们！"英国将军得意地说，"这才是真正的勇气。"

有很多这样的人，他们敬业、本分，是自己的事情去做，不是自己的事情也去做。有些事情不是我们想做就能做好的，不分青红皂白地蛮干，或者一味地盲从，不仅不会出成绩，还会引发不良后果。面对问题要实事求是，这才是真正的勇气。

无论做什么事，都不能过，过了就变质了，比如谦让。过分谦让，就不是一种美德了。

有一对好朋友，一个叫谦让，一个叫贪欲。他们约好一起到天堂去，他们带的干粮基本都够他们路上吃的。为了体现无私的友爱精神，他们在路上谦虚地你推我让，时间也因此耽误了一半。再这样让下去也不是办法，贪欲开始想，既然你不要，我要。于是他把谦让的东西吃了。

后来在路上出现了奇怪的事情。贪欲吃了谦让的东西以后，觉得胃口大开，吃了还想吃；而谦让为了体现他的度量，即使饿得走不动，对贪欲总是有求必应。一个是饿得走不动，一个是过饱走不动。然而天黑前终于到达了天堂。

但是他们却同时被拦在了天堂门外。贪欲说：为什么不让我们进去？天使说：因为你太贪，把朋友的东西都吃了。贪欲说：可是那都是他给我的呀。天使说：哪怕人家主动，哪怕人家心甘情愿，你也不能无视于对方的饥肠辘辘。你连这点道理都不明白，如何进天堂？

谦让说：那么我呢？为了让贪欲吃饱，我都快饿死了呀。天使说：如果说贪欲进天堂的可能有万分之一，那么你进天堂的可能连十万分之一都不到。谦让不解其意。天使说：把自己饿成这个样子，绝不是美德。你把天堂当成剧场，把上帝当成观众了。

第十四只狐狸带给我们的启示是：如果能达到适当调整情绪、平衡心态的目的，偶尔言行不一也无妨。但在为人处世上，言行一致是必要的。有了好的想法就要即刻行动，否则就没有任何意义。

·15·

第十五只狐狸来到了葡萄架下，它既没有破口大骂，也没有坚持不懈地往上跳，而是发出了感叹：美好的事物有时候总是离我们那么远，这样有一段距离，让自己留有一点幻想又有什么不好的呢？于是它诗性大发，一本诗集从此诞生了。

这只狐狸的行为，在心理学上我们称之为“置换作用”，即用一种精神宣泄去代替另一种精神宣泄。也可以理解为，突发奇想，善用资源。

这只狐狸是只浪漫的狐狸，它能够即景生情，忘掉吃葡萄的事，并把眼前的景象写成诗集，让人佩服。这说明，成功并不需要多少条件，也说明了只要善于发现，一切资源都可以为我们所用。

成功并不需要很多必备的东西，有时只需要一个小小的物件就可，关键的问题是要会运用我们现有的资源。我们都拥有许多属于自己的东西，想一想如何发挥它们的功用，也许成功就离我们不远了。

一位生活在苏黎世郊区名叫尤利马斯·马吉的农村青年，在他年幼的时候母亲就去世了。更加不幸的是，在他 20 岁的时候，与他相依为命的父亲也去世了。

父母留给他的，除了丑陋的长相和一个小小的磨房外，再也没有其他任何的东西了。面对这些，年轻的马吉没有抱怨，也没有泄气。可是他唯一会做的就是磨面粉。他暗下决心，只要世界上能磨的，就都要将它磨出个样儿来。

一天，他从朋友舒勒医生那里得知，干蔬菜磨碎后，不会损失营养价值。马吉就借了一笔钱，买了蔬菜和豆类干燥机开始生产蔬菜粉和豆粉。当他试着将这些速溶汤料运至市场后，出人意料地获得了成功。因为他的产品得到了家庭主妇们的高度评价。仅 5 分钟，一盆热汤就做好了，既省时，又省力。到 1886 年，马吉已开发出了 3 种袋装速溶汤料。

很快，他的产品畅销欧洲。

欢欣鼓舞的马吉真有些感谢父母了，感谢他们给自己留下了宝贵的磨房。

在以后的日子里，马吉在磨粉上很下工夫。1890 年，他又推出新产品——能改善菜肴味道的万能调味粉。调味粉可用于沙司、凉菜、肉鱼、汤以及其他配菜，这些东西一上市又受到消费者欢迎。到了 1901 年，马吉这个乡下人已成为在几个国家有企业的大老板了。直至 1912 年马吉去世，他公司的产品仍然畅销欧洲。尤其是两次世界大战，更为速溶产品提供了发展的最好契机。

当初，曾有人问马吉成功的秘诀，他说："其实，成功并不需要很多，有时只需一个磨房就足够了。"

对于赚钱而言，通常都认为是一种负担。在这方面，我们应该学学这只狐狸的做法，学习一下它的置换作用：把赚钱看做是一种游戏。

不要把赚取金钱变成一种沉重的负担，而应该变成一种新鲜刺激的游戏。在赚钱的时候，你就进入了一个游戏的世界，做为游戏的参与者，你要不停地和对手进行较量和角逐，你要采用一切办法和手段来胜过其他的人，你要超越所有的人，才可以赢得最后的胜利。

著名的金融家摩根喜欢赚钱，他赚钱甚至达到痴迷的程度。

他一直有一个习惯，每当黄昏的时候，他就到小报摊上买一份载有股市收盘的当地晚报回家阅读。当他的朋友都在忙着怎样娱乐的时候，他则说："有些人热衷于研究棒球或者足球的时候，我却喜欢研究怎么赚钱。"

在谈到投资的时候，他总是说："玩扑克的时候，你应当认真观察每一位玩者，你会看出一位冤大头，如果看不出，那这个冤大头就是你。”

他从来不乱花钱去做自己不喜欢的事情，他总是琢磨怎么赚钱的办法。

有人开玩笑说：“摩根，你已经是百万富翁了，感觉滋味如何？”

摩根的回答让人玩味：“凡是我想要的东西而又可以用钱买到的时候，我都能买到，至于其他人所梦想的东西，比如名车、名画、豪宅我都不为所动，因为我不想得到。”

他并不是一个为金钱而生活的人，他甚至不需要金钱来装饰他的生活，他喜欢的仅仅是游戏的感觉，那种一次次投入资金，又一次次地通过自己的智慧把钱赚回来的感觉，充满了风险和艰辛，但是也颇为刺激，他喜欢的就是刺激。

摩根说：“金钱对我来说并不重要，而赚钱的过程，即不断的接受挑战才是乐趣，不是要钱，而是赚钱，看着钱滚钱才是最有意义的。”

我们知道，这只狐狸之所以能写成诗集，是因为它善于运用资源的缘故。善用资源可是门大学问。

火海满天横流，吞噬了雄伟巍峨的宫室楼台，吞噬了金碧辉煌的殿阁亭台……几天几夜之后，那里变成了一片断垣残壁。这是公元1015年发生在北宋皇宫里的一场罕见的大火。

在废墟上，宋真宗皇帝叹息道：“没有皇宫，如何上朝，如何议政，如何安居呢？”他叫来宰相丁谓，令他负责皇宫的修建工作。

丁谓接受任务后，在废墟上走来走去。他为遇到的三件难办的事而感到苦恼：一是盖皇宫要很多泥土，可是京城中空地很少，取土要到郊外去挖，路很远，得花很多的劳力；二是修建皇宫还需要大批建筑材料，都需要从外地运来，而汴河在郊外，离皇宫很远，从码头运到皇宫还得找很多人搬运；三是清理废墟后，很多碎砖破瓦等垃圾运出京城同样很费事。

路边临时搭的一个小木棚，丁谓见有个小姑娘在煮饭，趁饭还没煮熟，她又缝补起被火烧坏的衣服。丁谓想："她倒真会利用时间呀！"忽然他灵机一动：办事情要提高效率，就要做到统筹兼顾，巧妙安排好财力、物力、人力和时间。经过周密思考，他提出了一个科学的方案：先叫工人们在皇宫前的大街上挖深沟，挖出来的泥土即做施工用的土，这样就不必再到郊外去挖了。过了一些时候，施工用土充足了，而大街上出现了宽阔的深沟。

"哗哗哗"，忽然一股汹涌的河水，从汴河河堤的缺口中奔腾出来，涌向深沟之中，等汴河的水和深沟中的水一样齐后，一只只竹排，木筏及装运建筑材料的小船缓缓地撑到皇宫前。丁谓站在深沟前捋着胡子笑了。是的，没费多大力气，就一举解决了两道难题。

一年后，宏伟的宫殿和玲珑的亭台楼阁修建一新。这一天，汴河河堤的缺口堵住了，深沟里的水排回汴河之中。待深沟干涸时，一车车、一担担瓦砾灰土填到了深沟之中，一条平展宽坦的大路重又静静地躺在皇宫之前。

面对强大的竞争对手时，硬碰硬是不行的。这时，不妨采取"借船出海"之法。就是借助对手的名气或其他资源，对自己进行宣传。表面上看，对对手也有益处，实际上对自己的益处更大，因为这样更有利于发展和壮大自己。

20 世纪 50 年代，美国黑人化妆品市场由佛雷化妆品公司独霸天下。后来，一位名叫乔治的推销员看准了这一行生意，便毅然辞职，独立门户，创立乔治黑人化妆品制造公司。他当时只有 500 美元资金和 3 名职员，唯一能生产的是一种粉质化妆膏。乔治很清楚，要在佛雷公司的垄断下争夺市场，十分不易，搭乘人家的船，牵住人家的衣角，趁便往前走，也许更现实。

不久，乔治的粉质化妆膏上市了。他经过反复思考后，决定推出这样一则促销广告："当你用过佛雷公司的产品后，再擦上乔治粉质化妆膏，将会有意想不到的良好效果。"

对这种宣传方法，乔治的部下都持反对意见，他们认为这是替竞争对手做广告，那不是贬低自己吗？乔治说："正因为他们的名气大，我才这样做。我并不是给他们做免费广告，而是借此抬高我们自己的身价。这就像如果你和卡特总统一起留过影，人们便要对你刮目相看一样。我这种战术就叫做'借船出海'。"

乔治使用如此妙招，果然收到了效果。广告刊出后，顾客们不仅很快地接受了乔治公司的产品，而且也没有引起佛雷公司的警惕。于是，乔治一鼓作气又推出了黑人化妆品系列，扩大占领市场。

几年后，等到佛雷公司发觉乔治公司已经对它的市场地位构成严重威胁时，为时已晚。乔治公司的发展势头已锐不可当。后来，佛雷公司在美国市场上渐渐地消失了，而乔治则开始独霸美国黑人化妆品市场，并且把眼光投射到其他有黑人的国家，使全世界的黑人都开始接受并使用他的系列化妆品。

第十五只狐狸带给我们的启示是：面对不可能实现的事，不要悲观失望，它或许正预示着另一个新的转机。这个世界其实遍地是宝，只要你有一双慧眼，有一双巧手，会看会用，一切资源都可成为我们成功的帮手。

·16·

第十六只狐狸来到了葡萄架下，它发现想吃葡萄的愿望不能实现后，心里一直很痛苦，不久便产生了胃痛、消化不良的情况。这只狐狸一直不明白：一向很注意饮食的它，怎么会在消化系统出现问题？

这只狐狸发生的情况，在心理学中我们可以称之为“转化”，即个体心理上的痛苦会转换成躯体上的疾病。

为什么我吃葡萄的愿望不能实现呢？

这只狐狸是只不懂健康常识的狐狸，它不知道心理问题会导致出现生理问题。随着人们物质生活水平的不断提高和人类医疗水平的快速发展，健康的概念已不再被人们简单地定义和局限为生理健康，人们已逐步认识到健康的真正含义是身心健康及良好的社会适应性。心理学家们对心理健康所作的描述是：有充沛的精力，有高度的适应能力，情绪稳定，心胸开阔等。

病理学家的研究表明，在现实生活中，心理健康和生理健康总是相互联系、相互作用的，心理健康会影响人的生理健康。例如，一个人如果长期处于高度紧张或抑郁状态下，由于体内激素分泌、肌肉紧张度等的变化，会导致免疫系统难以处于最佳工作状态，这时人的抵抗力就会下降，疾病也会趁虚而入。这也正是为什么那些情绪不好的人容易得感染性疾病，为什么心情长期处于紧张状态的人容易患癌症，为什么肥胖的人容易患心脏病的主要原因之所在。

过度的焦虑、愤怒和忧郁对身体健康都是十分不利的。

在中世纪，享有“医学之王”美誉的著名伊朗医学家西拿曾做过一个实验。他把两只公羊分别系在两个不同的地方，给以同样的食物。一个地方是平静、安稳没有危险的草坪；另一只公羊呆的地方是旁边关着狼群的动物馆。第二只公羊由于经常看到狼在它身边窥视而整天提心吊胆，精神一直处于高度紧张状态，不久就死了。而前一只公羊却一直生活得很好。

我国史书上曾记载：春秋时吴国大夫伍子胥过昭关陷入进退两难之境时，因极度焦虑而一夜间须发全白。相传三国时期的周瑜机智过人，并且才艺超群。但是他气量比较小而妒忌心很强。诸葛亮就利用他这个弱点，施计得逞，气得周瑜狂呼“既生瑜，何生亮”。还有一次诸葛亮带兵打仗时，他利用对方首领脾气暴躁的弱点，在阵前痛骂对方首领王朗，结果王朗羞怒交加，大吼一声，堕马而死。这些例子都证明，过度的焦虑、愤怒对身体健康是十分不利的。

清朝时候有位八府巡按，患了精神抑郁症。家里为他请了许多名医诊治，但都没有效果。有一天，一位老中医为他治疗，诊舌按脉，沉吟不语。过了好一会儿，老中医煞有介事地说：“哎呀，大人得的是月经不调症嘛！”这位巡按和他的家人听了以后，大笑不止，尤其是患病的巡按更是捧腹大笑。这次诊断过后，巡按每当想起此事，就禁不住笑了起来，可奇怪的是，就在他经历了一次次开怀大笑以后，他的病竟不药而愈了。巡按亲自拜访老中医，并询问其中缘由。这位老中医笑着说明原委：“我是故意让你经常笑一笑，使你精神愉快，心情开朗，这样病自然就会好了。”

这只狐狸出现的问题，就是由于心理问题引起的。我们再来看下面的这几个故事，就形象地说明了这个问题。

从前，在普陀山下有个樵夫，他家世代以打柴为生，他整日早出晚归，风餐露宿，辛勤的劳作却没有换来富足的生活，家里常常揭不开锅。于是，他老婆天天到佛前烧香，祈求佛祖慈悲，让他们夫妻早日脱离苦海。

真是苍天有眼，大运很快降临。有一天，樵夫在大树底下挖出了一个金罗汉，穷光蛋转眼间变成了百万富翁。于是，他买房置地，宴请宾朋，好不热闹。亲朋好友像是一下子从地下冒出来似的，纷纷前来向他祝贺。

按理说樵夫应该非常满足了，可以告别贫穷尽享荣华富贵了。可他只高兴了一阵子，很快就犯起愁来，茶饭不香，坐卧不安。老婆看在眼里，不禁上前劝道："现在吃穿不缺，又有良田美宅，你为什么还发愁？就是贼来偷，一时半会儿也偷不完，你这个丧气鬼！天生受穷的命！"

樵夫听到这里，不耐烦了："你一个妇道人家懂得什么！怕人偷只不过是小事，关键是十八个金罗汉我才得到了其中的一个，那十七个还不知道埋在哪里呢，我怎么能安心？"说完便像只被烤熟了的鸭子，瘫软在床上。

从此后，樵夫抱着金罗汉整日愁眉不展，落得疾病缠身，最终一命呜呼。

不知足是一种罪过，因为不知足容易犯错。生活不可能总是一帆风顺，也不可能总是阴雨连绵，这就需要我们学会知足。该满足时就要满足，这样才能在人生之路上走得更加从容。

在得失面前，我们要端正心态，才不会出现问题。

某机关一个小公务员一直过着安分守己的日子。有一天，他忽然得到通知，一位从未听说过的远房亲戚在国外死去，临终指定他为遗产继承人。

那是一个价值万金的珠宝商店。小公务员欣喜若狂，开始忙碌地为出国做种种准备。待到一切就绪，即将动身，他又得到通知，一场大火烧毁了那个商店，珠宝也丧失殆尽。

小公务员空欢喜一场，重返机关上班。他似乎变了一个人，整日愁眉不展，逢人便诉说自己的不幸。

“那可是一笔很大的财产啊，我一辈子的薪水还不及它的零头呢。”他说。

“你不是和从前一样，什么也没有损失吗？”他的一个同事问道。

“这么大一笔财产，你竟说什么也没有失去！”小公务员心疼得叫起来。

“在一个你从未到过的地方，有一个你从未见过的商店遭了火灾，这与你有什么关系呢？”这个人看得很开。

可不久以后，小公务员死于忧郁症。

贪欲能使一个人的灵魂由简单变得复杂，由轻松变得沉重。很多时候，一个人的大部分痛苦都是来自于贪欲。其实，再多的钱财与健康比起来，都是微不足道的。要知道：为了本不该属于自己的钱财而烦恼，是得不偿失的；能健康地活着，对我们来说就是一种莫大的福气。

嫉妒是对别人的优势心怀不满的一种负面情绪，是让自己的心灵在地狱受折磨，以贬低别人来抬高自己是一种虚荣心理的表现。克服一份虚荣心就会减少一分嫉妒，不断地自我反省，才能挽救濒临深渊的灵魂。

有一个人，非常爱嫉妒别人，尤其是他的邻居。越是看到邻居高兴，他就越是不高兴；他邻居的生活过得越好，他越是不痛快；每天都盼望他的邻居倒霉，或盼望邻居家着火，或盼望下雨天雷能窜进邻居家，劈死一两个人，或盼望邻居得什么不治之症，或盼望邻居的儿子夭折……

然而每当他看到邻居时，邻居总是活得好好的，并且微笑着和他打招呼，这时他的心里就更加不痛快，恨不得给邻居的院里扔包炸药，把邻居炸死，但又怕偿还人命。就这样，他每天为此不高兴，不断地从心理上折磨自己，身体日渐消瘦，胸中就像堵了一块石头，吃不下也睡不着。

终于有一天，他决定给他的邻居制造点晦气，这天晚上他在花圈店里买了一个花圈，准备偷偷地给邻居家送去。当他拿着花圈走到邻居家门口时，就听到里面有人在哭，此时邻居正好从屋里走出来，看到他送来一个花圈，忙说："这么快就过来了，谢谢！谢谢！"原来邻居的父亲刚刚去世。这人顿时觉很无趣，"嗯"了两声，便匆匆地走了出来。

回到家中，感觉更是生气，从此，便一病不起。

很多人身体不舒服时，就老怀疑自己得了这病那病，整天陷入恐慌之中。其实，大多时候，这只是些小病或者根本没有病，只不过是心病而已。心病还需心药医，不要猜疑自己的健康，要保持健康的心理状态，心病自然会被消除。

有一位年轻的汽车销售经理，他的面前本是一条洒满阳光的大道，然而他的情绪却非常消沉。他认为自己要死了！他甚至为自己选购了一块墓地，并为他的葬礼作好了一切准备。实际上，他只是经常感到呼吸急促，心跳很快，喉咙梗塞。他的家庭医生是位很成功的内科和外科医生，医生劝他休息，泰然面对生活，退出他所热爱的销售汽车的事业。

这位销售经理在家里休息了一段时间，但是由于恐惧，他的心里仍不安宁。他的呼吸变得更加急促，心跳得更快，喉咙仍然梗塞。这时他的医生劝他到科罗拉多州去度假。

科罗拉多州虽有使人健康的气候，壮丽的高山，但仍不能阻止这位销售经理陷入恐惧。一周后，他回到家里。他觉得死神即将降临。

"打消你的猜疑！"一位朋友告诉这位销售经理，"如果你到一个诊所去，到明尼苏达州罗契斯特市的梅欧兄弟诊所，你可以彻底弄清病情，而不会失去什么。立即行动！"按照建议，他的一位亲戚开车送他到了罗契斯特市。实际上，他很害怕自己会死于途中。

梅欧兄弟诊所的医生给他作了全面检查。医生告诉他："你的症结是吸进了过多的氧气。"他笑起来说："那太愚蠢了，我怎样对付这种情况呢？"

医生说："当你感觉到呼吸困难，心跳加快的时候，你可以向一个纸袋里呼气，或暂且屏住气息。"医生递给病人一个纸袋，病人就遵医嘱行事。结果他的心跳和呼吸变得正常了。喉咙也不再梗塞了。他离开这个诊所时，是一个愉快的人。

此后，每当他的疾病症状发生时，他总是屏住呼吸一会儿。使身体正常发挥功能。几个月以后，他不再恐惧，病症也随之消失。其实，他的病症主要是心病。

这件事发生在几十年前。自从那时以来，他再也没有找医生看过病。

第十六只狐狸带给我们的启示是：心理健康对生理健康的影响是巨大的。平时保持心情舒畅，及时解决心理问题，才能避免生理上出现不适。健康的身体与心理同样重要，心情好，一切都好。

·17·

第十七只狐狸来到了葡萄架下，它同样发现葡萄高高在上。它嘴一撇，说："这有什么了不起的！我们狐狸中已经有人吃过了，谁说只有猴子才能吃到果子？狐狸也一样行！"

这只狐狸所表现的言行，是一种情绪取向的应对方式，在心理学中我们可以称之为"傍同作用"，即当自我价值低于他人价值时，寻找与自己有关系的人来实现自我价值。

这有什么了不起的！我们狐狸中已经有人吃过了，谁只有猴子才能吃果子？狐狸也一样行！

这只狐狸不愧是狐狸，用几句话就化解了吃不到葡萄的尴尬局面。它的这种行为，可以理解为借助自己的资源或同类型人或亲朋好友的名声，来抬高自己的身价。

在几百年前的罗马城，两个孩子正在清晨的阳光下快乐地玩耍，他们的母亲康妮黎亚过来对他们说：“亲爱的孩子，今天有一位富有的朋友要来我们家做客，她还会向我们展示她的珠宝。”

下午，那个富有的朋友来了。金环在她手臂上闪烁着耀眼的光芒，手指上的戒指闪闪发光，脖子上挂着金项链，发髻上的珍珠饰品则发出柔和的光。

弟弟感叹地对哥哥说：“她看起来如此高贵，我从没有见过这么漂亮的人。”

哥哥说：“是的，我也这样觉得！”

他们羡慕地看着客人，又看看自己的母亲。母亲只穿了一件朴素的外套，身上没有任何珍贵的饰品。但是她和善的笑容却照亮了她的脸庞，远胜于任何宝石的光芒。她金棕色的头发编成了一条长长的辫子，盘绕在头上像是一顶皇冠。

“你们想看看我其他的珠宝吗？”富有的女人问。

她的仆人拿来一只盒子并放到桌上。这位女士打开盒子，里面有成堆的像血一样红的红宝石，像天一样蓝的蓝宝石，像海一样碧绿的翡翠，像阳光一样耀眼的钻石。

这对兄弟呆呆地看着这些珠宝："要是我们的母亲能够有这些东西该多好啊！"

客人炫耀完自己的珠宝之后，自满而又怜悯地说："告诉我，康妮黎亚，你真的这么穷吗？什么珠宝都没有吗？"

康妮黎亚坦然地笑道："不，我当然有珠宝，我的珠宝比你的更贵重。"

客人睁大了眼睛："是吗？快拿出来让我看看吧！"

母亲把两个男孩拉到自己的身边，她微笑着说："他们就是我的珠宝。难道他们不比你的珠宝更贵重吗？"

这两个男孩，特贝瑞斯和卡尔斯永远不会忘记他们母亲当时脸上骄傲的表情以及深深的爱意。数年后，他们成为罗马伟大的政治家，但他们仍然常常忆起当年的这一幕。

每个父母都有爱孩子的心理，在他们的眼里，再贵重的珠宝都比不上他们的孩子，孩子就是他们最贵重的宝贝。

在日常生活和工作中，借助某些资源或别人的名声、名气来抬高自己，往往会让自己出丑。

一天，苏格拉底和弟子们聚在一起聊天。一位其父相当富有的学生，趾高气扬地面向所有的同学炫耀：他家在雅典附近拥有一望无边的肥沃土地。

当他口若悬河大肆吹嘘的时候，一直在其身旁不动声色的苏格拉底拿出了一张世界地图，然后说："麻烦你指给我看看，亚细亚在哪里？"

"这一大片全是。"学生指着地图洋洋得意地回答。

"很好！那么，希腊在哪里？"苏格拉底又问。

学生好不容易在地图上将希腊找出来，但和亚细亚相比，的确是太小了。

"雅典在哪儿？"苏格拉底又问。

“雅典，这就更小了，好像是在这儿。”学生指着地图上的一个小点说。

最后，苏格拉底看着他说：“现在，请你再指给我看看，你家那块一望无边的肥沃土地在哪里？”

学生急得满头大汗，当然还是找不到。他家那块一望无边的肥沃土地在地图上连个影子也没有。他很尴尬又若有所悟地回答到：“对不起，我找不到！”

不管一个人拥有多少东西，多少财富，和天地比起来，和浩瀚的宇宙比起来，就好像是沧海中的一粒沙而已。所以，无论什么时候，都要保持一颗谦虚的心。

有些人喜欢用吹牛和逞强来炫耀自己，抬高自己的身价，这也在常理之中，因为每个人都希望得到别人的认可和尊敬，但切不可过火，否则容易骑虎难下，给自己带来不利的结果。

美国华盛顿州有个名叫乔治的21岁年轻人，为了在同伴面前展示自己的“勇敢无畏”，竟然和自己在沙漠中捉到的剧毒响尾蛇“接吻”。结果不行被那个“兽性大发”的“宠物”一口咬中了嘴唇。“勇敢的”乔治被紧急送到医院治疗。

事情的经过是这样的。

乔治向一帮朋友介绍其新近从美国南部亚利桑那州沙漠地区捕获的“宠物”：一条两尺多长的响尾蛇。

乔治向朋友们吹嘘了一遍自己捕蛇的本领，表示任何蛇他都不怕，反而蛇会怕他，会乖乖地听他的话。

接着，为了证明自己和这位“新朋友”的亲密无间，更为了逞强，乔治竟然把冷冰冰的毒蛇拿起来亲吻了一下。

旁边的朋友立刻被吓得目瞪口呆，并连连要求他“别再干蠢事了”。

乔治却笑眯眯地说：“没事没事，我们经常接吻。”

随后又把蛇拿起来亲了亲。就在大家惊讶不已的时候，这条“饱经骚扰”的毒蛇似乎突然“失去了理智”，乘主人不备，猛地蹿起来冲着乔治脸上扑去，并狠狠咬了乔治上唇一口。

就听“哎呀”一声惨叫，乔治把蛇扔在了地上，手捂嘴巴倒了下去。一边的朋友先是七手八脚将他扶起来，接着赶紧用自己的牛仔靴将毒蛇踩死。

就在大家等救护车到来的短短几分钟时间内，人们眼见乔治的脸“气吹的一样肿胀起来”。

第十七只狐狸带给我们的启示是：必要时，可以借助相关资源抬高自己的身价，但需注意的是要切合实际，否则会弄巧成拙。不要用吹嘘的方法来炫耀自己，否则是自讨苦吃。

·18·

第十八只狐狸来到了葡萄架下，它心想，我自己吃不到葡萄，别的狐狸来了也吃不到葡萄，为什么我们不学习猴子捞月的合作精神呢？前有猴子捞月，现有狐狸摘葡萄，说不定也会传为千古佳话呢！于是它动员所有想吃葡萄的狐狸合作，搭成狐狸梯，这样大家都吃到了甜甜的葡萄。

这只狐狸采取的是问题取向的应对方式，
它懂得合作的道理，大家团结协作，互相帮助，
最终的结果是既利于自己，又利于大家。

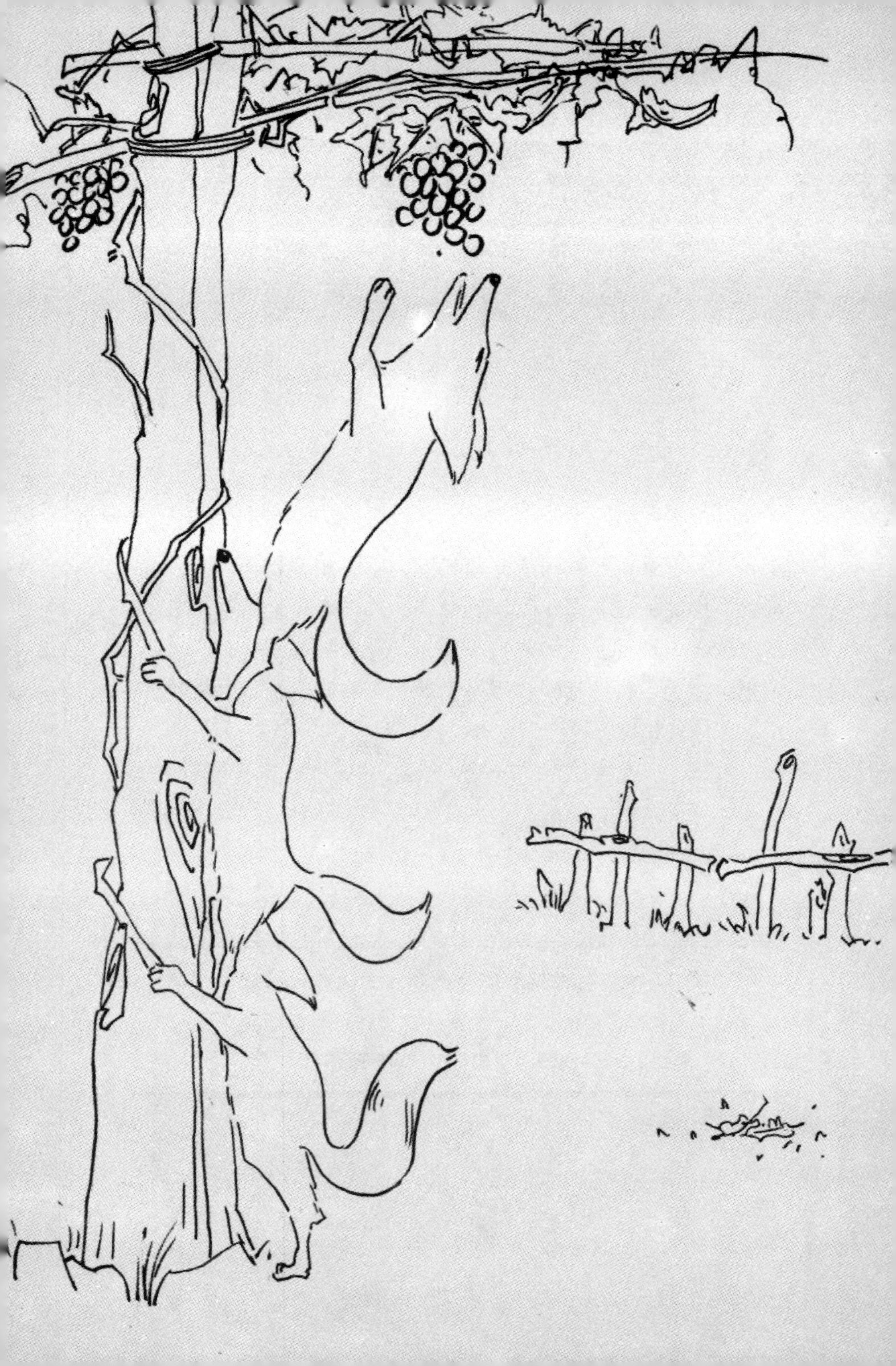

这只狐狸采取的方法，是成功学的方法。它深知合作才能把事做好的道理，所以它成功了。俗话说："一个和尚挑水喝，两个和尚抬水喝，三个和尚没水喝。""一只蚂蚁来搬米，搬来搬去搬不起，两只蚂蚁来搬米，身体晃来又晃去，三只蚂蚁来搬米，轻轻抬着进洞里。"上面这两种说法有截然不同的结果。"三个和尚"是一个团体，可是他们没水喝是因为互相推诿、不讲协作；"三只蚂蚁来搬米"之所以能"轻轻抬着进洞里"，正是团结协作的结果。团结就是力量，而且团队合作的力量是无穷尽的，能创造出不可思议的奇迹。

现在是一个合作的时代，靠单枪匹马是成不了大事的。每个人都有长处和短处，我们与他人之间，只有相互学习，取长补短，合谋共事，才能达到合作上的双赢。

越国人甲父史和公石师各有所长。甲父史善于计谋，但处事很不果断；公石师处事果断，却少有心计，常犯疏忽大意的错误。因为这两个人交情很好，所以他们经常取长补短，合谋共事。他们虽然是两个人，但好像是一个心。这两个人无论一起去干什么，总是一帆风顺。

后来，他们在一些小事上发生了冲突，吵完架后就各奔东西了。当他们各自行事的时候，都在自己的政务中屡屡失败。

一个叫密须奋的人对此深感惋惜，他哭着劝诫两人说："你们听说过海里的水母没有？它没有眼睛，靠虾来带路，而虾则分享着水母的食物。这二者互相依存、缺一不可。恐怕你们还没有见过双方不能分开的另一典型例子，那就是西域的二头鸟。这种鸟有两个头共长在一个身子上，但是彼此争斗，互不相容。两个鸟头饥饿的时候互相啄咬，其中的一个睡着了，另一个就往它嘴里塞毒草。如果睡梦中的鸟头咽下了毒草，两个鸟头就会一起死去。它们谁也不能从分裂中得到好处。还有一个例子。北方有一种肩并肩长在一起的‘比肩人’。他们轮流着吃喝、交替着看东西，死一个则全死，同样是二者密不可分。现在你们两人与这种‘比肩人’非常相似。你们和‘比肩人’的区别仅仅在于，‘比肩人’是通过形体，而你们是通过事业联系在一起的。既然你们独自处事时连连失败，为什么还不言归于好呢？”

甲父史和公石师听了密须奋的劝解，对视着会意地说：“要不是密须奋这番道理讲得好，我们还会单枪匹马受更多的挫折，这又是何苦呢！”于是，两人言归于好，重新在一起合作共事。

人和人之间本来就是相互合作的关系，有了彼此之间的相互合作，才能达到自己的目的。如果不和别人合作，单凭自己的力量，很多事都无法做成，但合作的前提，是先要放下自己的贪欲，不要算计合伙人。

村里的一个财主暴病身亡，没有留下遗嘱，两个儿子为分财产各不相让，以至弄得争吵、相打，一直告到官府。

州官对财产做出了均分的判决，但两个儿子都不服气。

大儿子说：“土地虽然一人一半，但是他分得的土地比我的好。”小儿子说：“房屋虽然一人一半，但是他分得的房屋比我的好。”

州官说：“那么对调一下可好？”

两人仍争执不休，弄得州官也一筹莫展。这个州官久闻彦一（一位智者）的大名，便从乡下把彦一请来，向他讨教办法。

彦一向州官献上计谋。州官听了频频颔首，依计行事。

第二天，州官又将两兄弟找来，判决说："现在，你们到屋子里去分别将自己对土地房产的要求写在纸上。谁先写好，就按谁的要求办。如果到时候写不出来，就将财产充公。"

州官的判决虽然过于武断，但在当时的情况下，确实没别的更好的办法，对两兄弟来说，他们都有着良好的机会，只要将要求尽快写出，就能如愿得到财产了。所以两人都同意了。

州官将两兄弟关在一间小屋子里，给了哥哥一支笔，给了弟弟一张纸，而将墨水放在桌子上，结果两兄弟都无法把自己对财产的要求写出来。哥哥向弟弟借纸，弟弟不肯；弟弟向哥哥借笔，哥哥也不肯。时间很快就过去，眼看天亮前再写不出，财产就要充公了。于是兄弟两人为了不使财产充公，而一反平时怒目相对的神态，平心静气地商议起来。他们对财产是熟悉的，通过不断地争执和平衡，不断地商量，两人合起来用哥哥的笔、弟弟的纸和桌上的墨水，共同写出了一份两人都能接受、比较合理的财产分配办法。

天亮之后，他们把两人合写的要求呈给州官，州官说："既然你们通过协商得到了结果，就按你们的要求办吧！"

这一切都是在彦一的意料之中的，他巧妙地运用了州官的权威和充分相信两兄弟不愿将财产充公的心态，果然达到了目的。

从此，两兄弟接受了这次争夺家产的教训，反而亲密起来，互相帮助、互相提携，使家道更加兴旺了。

一根筷子轻轻地用力就会被折断，十根筷子就能牢牢抱成团，合作能产生一加一大于二的效果。很多时候，一些事单靠我们个人的力量无法完成，只有与别人合作，借助别人的帮助，才能把事做得尽善尽美。

1903年，菲力·斯通成立了“燧石轮胎橡胶公司。”在那段惨淡经营的时间里，他遇到了第一个贵人。

那是一天晚上，菲力·斯通信步走进一家酒吧，这是他平生第一次来这种地方。走进酒吧，菲力·斯通要了一杯威士忌。当他喝完酒时，身后突然传来一阵哄笑声。菲力·斯通连忙转身去看。只见一个把裤子当围巾披在肩上的青年人，东倒西歪地走了出去。

“这个人是干什么的？”菲力·斯通问酒吧的老板。

“看他那个样子能干什么？”酒吧老板带着不屑的神情说，“还不是做苦工的，一天赚的钱都灌进肚子里去了。”

“他经常这个样子吗？”不知为什么，菲力·斯通觉得这个人不像个酒鬼。

“那可不，除了工作，其余的时间就是醉酒，这搞发明真是害死人！”酒吧老板感慨地说，话中带有几分讥笑。

“发明？他发明的是什么东西？”

“我不大清楚，”酒吧老板摇着头说，“听说是有关橡胶轮胎方面的东西。”

“他叫什么名字？”

“罗唐纳。”酒吧老板说，“不过，现在真名字没有人叫了，大家都叫他‘醉罗汉’。”

菲力·斯通道了声谢，匆匆走出酒吧，可是，已不见那个喝醉的青年人的影子。他感到有点失望，因为他急于想知道这个人在轮胎方面有什么新设计。

菲力·斯通只好再返回酒吧，向老板问明他工作的地方。第二天一大早，他按地址找去。

找到罗唐纳后，菲力·斯通把来意向他说明。

没有想到的是，罗唐纳的一句话就把他给噎住了："你找错人啦，我没有发明什么。"

"那是酒吧老板告诉我的，怎么会没有？"

"没有就是没有，你少跟我啰嗦！"

罗唐纳说完，接着掉头就走了。

菲力·斯通吃了一个闭门羹。

"我未免也太傻了。"菲力·斯通对自己说，"对于一个酗酒之人，怎能寄以厚望呢？"

他决定不再理他，可心中又不甘心。

"既来之，则安之。"他想，"再等等吧！或许他真的有什么了不起的玩意。"

那天上午 10 点，菲力·斯通还在工厂外面的人行道上徘徊。中午 12 点，工人们都出来吃饭了，没有看见罗唐纳。下午 5 点，工人们都下班回家了，罗唐纳还是不见踪影。直到 6 点半，罗唐纳才从里面匆匆出来，而菲力·斯通此时已又累又饿，看见罗唐纳出来，竟没有力气上前找他，而罗唐纳则一改早上漠然的面孔，跑过来挽住他的胳膊。

最后，罗唐纳有感于菲力·斯通在工厂门外饿着肚子等了他一天的盛情，决意帮助他在亚克朗打天下。菲力·斯通用真诚赢得了第一个合作伙伴。

菲力·斯通在罗唐纳的协助下，制成一种储气量大且不易脱落的轮胎，可轮胎制成后，却又遇到了资金不足，销路也打不开的麻烦。

正在无计可施时，他听到一个好消息：福特汽车公司研究成功一种价格便宜的汽车，普通民众都能买得起。

在底特律当推销员时，菲力·斯通与亨利·福特就有过几面之缘，彼此留下了很好的印象。听到这个消息后，菲力·斯通心头一动，这不正是个好机会吗？于是他带着几只刚做好的新轮胎，亲自到底特律去找亨利·福特。

“福特先生，听说您制造一种新车，我给您带来一种新轮胎。”菲力·斯通热情地说。

“你知道，我这种新车的特点就是便宜。”福特笑着说，“可能用不起好轮胎，只要坚固就行了。”

“我了解您的心意。”

菲力·斯通展开了他卓越的推销技巧。

“我敢保证，这种轮胎对您的新车一定很适合，而且，”他向前探着身子，压低声音，故作神秘地说，“这也是我的新产品，其他人不要说用，就是连看都没有看过。”

福特一听，最后这两句话正合了他好奇喜新的胃口，“新东西？我先来看一看。”

福特一边看，菲力·斯通就在一旁解释。一会儿，福特就来了很大的兴致。“走，我们马上去进行试验。”他说。

做过各种试验之后，福特对这种新轮胎很满意，只是在价格上他嫌贵了一点。

“我这种新车，是想让每个家庭，甚至每个人都能买得起。”福特说，“如果为了轮胎而使价格升高，就与我的意愿相违背了。”

“那是当然。”菲力·斯通爽快地说，“我决定不赚一分钱，按成本供应给您，我已算过，只比以前的轮胎贵三美元，就整个一部汽车来说，加这点钱不会有多大影响吧？”

有碍于他俩良好的关系，福特当然不好意思说不肯，再说，出厂的新车配上这种新轮胎，在销售上一定能增加声势，于是就一口答应了。

菲力·斯通凭着良好的人缘，赢得了罗唐纳和福特两人的合作，最终取得了成功。

第十八只狐狸带给我们的启示是：这是一个需要合作才能成功的年代，单打独斗早已成为过去式，只有懂得与人合作，搞好人际关系，才能把事业做大做强。